体验设计师 100问

元尧 ◎ 著

清华大学出版社
北京

内 容 简 介

本书汇集了作者从业多年来为体验设计师解答过的疑问，以及个人的成长经验，内容包括设计思考、工作经验、应聘建议和生活感悟4章，既传授了专业的、扎实的体验设计方法，又分享了职场上的一些必备技巧。好的问题见微知著，好的回答授人以渔。希望这些回答可以帮助更多的读者走出疑惑、延伸视野、拓展思维。

本书适合体验设计师、交互设计师、产品经理等互联网设计人员阅读，也适合相关专业的学生参考。

图书在版编目（CIP）数据

体验设计师 100 问 / 元尧著 . —北京：清华大学出版社，2023.5
ISBN 978-7-302-63198-9

Ⅰ . ①体… Ⅱ . ①元… Ⅲ . ①人 - 机系统－系统设计 Ⅳ . ① TP11

中国国家版本馆 CIP 数据核字 (2023) 第 052530 号

责任编辑：杜　杨
封面设计：杨玉兰
责任校对：胡伟民
责任印制：沈　露

出版发行：清华大学出版社
　　　　　网　　址：http://www.tup.com.cn，http://www.wqbook.com
　　　　　地　　址：北京清华大学学研大厦 A 座　　　　邮　　编：100084
　　　　　社 总 机：010-83470000　　　　　　　　　　邮　　购：010-62786544
　　　　　投稿与读者服务：010-62776969，c-service@tup.tsinghua.edu.cn
　　　　　质 量 反 馈：010-62772015，zhiliang@tup.tsinghua.edu.cn
印 装 者：北京博海升彩色印刷有限公司
经　　销：全国新华书店
开　　本：170mm×230mm　　　印　　张：17.25　　　字　　数：385 千字
版　　次：2023 年 7 月第 1 版　　　印　　次：2023 年 7 月第 1 次印刷
定　　价：99.00 元

产品编号：099263-01

2020年2月，我开通了自己的公众号——"长弓小子"，雷打不动地每周更新一篇原创文章。这些文章来源于我对日常设计工作中所遇到的问题的研究，以及对工作经验的沉淀和总结。

2021年2月，我又开通了自己的知识星球——"长弓小子设计思享"，风雨无阻地每个工作日更新一篇内容。这些内容来源于加入星球的同学对设计工作和学习的提问，以及我对日常工作的思考和复盘。

绳锯木断，水滴石穿。几年来我在知识星球中的坚持输出，换来的是近1000个问题的答案，也是近50万字的内容积累。我根据所输出的内容类型，设置了"设计体系及组件系统""用户体验度量""工作报告""学习方法""应聘经验"等12个专栏，帮助星球的同学们更好地归纳和学习相关领域的知识。

很多事情做起来并不难，难的是日日持续，年年坚持。每天的记录与反思，是我很早之前就有的习惯，我也从中获益良多。不要小看每日的这几百字。持续地总结与沉淀，会让你的每一步走得更扎实；有反馈有讨论，会让你的思维得到扩展与延伸。日积月累，你的收获会远超你的想象。

如今，我的知识星球和微信公众号依旧在持续更新。知识星球中50万字的内容对于每位星友来说，都是一笔宝贵的知识财富。本书的100个问题和答案就选自其中，希望这些内容也能够帮助到对设计学习有疑惑的你。

成长其实并没有捷径，但我可以替你多走些弯路，帮你多想些思路。欢迎你关注我的微信公众号"长弓小子"，也期待你在知识星球 App中搜索"长弓小子设计思享"，加入我们这个设计学习者的大家庭。

学海无涯，盼你同舟。

元尧

目录

第 1 章

设计思考｜日拱一卒，举一反三

第 2 章

工作经验｜脚踏实地，精益求精

第 3 章

应聘建议｜不忘初心，方得始终

第 4 章

生活感悟｜认真工作，快乐生活

后 记

第1章

设计思考｜日拱一卒，举一反三

本章内容将为你解答与体验设计相关的 30 个专业问题，它们筛选自我的知识星球里的星友们在设计工作中遇到的高频问题。如果你也是设计工作者，其中的某些问题也一定遇到过。

最快的"学习"方法，是掌握好的"学习方法"。本章对于这些问题的解答，不仅会解决你在设计工作中遇到的问题，也会帮助你举一反三，建立起系统的设计学习方法和设计认知。

001 设计目标、设计原则、设计策略、设计指标之间的关系和区别是什么？

目标是核心目的；原则是行为底线；策略帮助你找到方法；指标用来检验目标的完成质量。

我在帮助知识星球中的同学解答专业问题的过程中发现：很多同学分不清"设计目标""设计原则""设计策略""设计指标"和"设计方法"这几个概念。有些同学也经常会问我它们之间的区别和用法，比如：

- 设计目标和设计原则有什么差异？是如何定义的？
- 设计目标、设计策略和最后的设计产出总感觉没有关联，该怎么办？
- 设计指标和设计目标是不是一回事？

还有的同学甚至还没有察觉到自己分不清这几个概念，在平日里已经习惯混用。

我们先来对这几个概念的定义和用法做下区分。

1.设计目标

设计目标是你要完成的工作内容和预期成果的概述，对接下来要做的设计工作起到指引和导向作用。设计目标的侧重点在于**"结果"**，没有明确成果的设计目标，大多是空泛的伪目标。

2.设计原则

设计原则是你在达到目标过程中的**行事底线和判断依据**。它会帮助你做决定，判断应该 / 不应该做哪些事情。设计原则的侧重点在于**"规范"**，让你的思维和行动不致跑偏或犯大错。

3.设计策略

设计策略是你不违背原则并达到目标的**有效抓手和切入方式**，是将设计目标落地的第一步。设计策略的侧重点在于**"如何着手"**，可以让你从多维度、多方面思考问题，不致立即陷入具体细节。

4.设计方法

设计方法是你为了解决问题、达到目标所做的**具体行动和操作方式**，是设计工作过程的主要环节。设计方法的侧重点在于**"行为和方式"**，能够被落地执行，并能够让你得出一些关键结论和设计方案。

5.设计方案

设计方案是通过一系列的推导和分析过程得到的**解决方案和最终产出**，是设计工作的最终成果。设计方案的侧重点在于**"实际产出"**，能够被看到、被评价、被验证和被改进。

6.设计指标

设计指标是为了验证"设计方案的可行性"或"设计目标的完成情况"所制定的**检验标准和衡量机制**。设计指标的侧重点在于**"检测和验证"**，能够客观地反映出你的设计工作质量，帮助你思考下一步的方向、制定新的设计目标。

所以对于一轮完整的设计工作来说：

"设计目标"是核心目的；

"设计原则"是行为底线；

以上两者指导你做出"设计策略"、落实"设计方法"。

"设计策略"帮助你找到"设计方法"；

"设计方法"帮助你完成最终的"设计方案"；

"设计指标"用来检验"设计方案"的有效性和"设计目标"的完成情况，并可以帮助你确立新的"设计目标"。

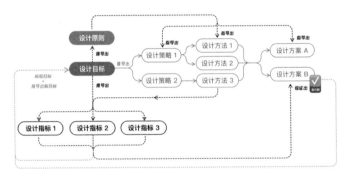

设计目标、设计原则、设计策略、设计方法、设计方案和设计指标之间的关系

还是有点晕？没关系，再给你举个例子。

如果我们将以上的设计工作方法转换成日常生活中的"减肥"任务，你就会更清楚地看到这些概念之间的关系和区别（以下内容中的数据均为虚构，仅用于帮助理解概念）：

当你想要减肥时，你的目标、原则、策略、方法、方案和指标如下：

- 目标：在一个月内减重到标准体重。

- 原则：健康减重，不伤身体。

- 策略：① 少吃；② 多运动。

- 方法（以下方法中 A、B 根据策略 ① 得出，C、D 根据策略 ② 得出）：

A.更改早饭、中饭、晚饭的食谱；

B.不碰零食和饮料；

C.每天绕操场跑步或走路；

D.抓紧空闲时间做活动。

- 方案（以下方案中 a、b、c、d 分别由方法A、B、C、D对应推导得出）：

a.早饭的食谱是一碗燕麦粥加一个鸡蛋和一个苹果（午饭和晚饭这里不再举例）；

b.拒绝他人递过来的一切零食和饮料，并且只喝白开水或茶；

c.每天中午吃完饭就到操场上走3圈，晚上吃完晚饭走3圈加跑3圈；

d.能爬楼梯就不坐电梯，能站着的时候就不坐着，等等。

- 指标：根据"目标"，我们得到总衡量指标为一月减掉 4kg；大腿围减少 3cm；腰围减少 3cm。以此来验证我们的方案是否有效。

从上述案例中可以发现，如果最开始的"原则"更改为：快速减脂，不考虑健康，你的"策略"就会发生变化，可能就会变成"用减肥药或做手术"，你的"方法""方案"和"指标"也都会产生相应的变化。策略、方法再到方案都是一步步推导而来的，过程越严谨，探索方案的方向、能够思考和发散的内容也会越恰当，越不容易走错路。

做设计项目的过程与上述如出一辙。

也有同学会想是不是理解了上述的概念，就能做出好的设计方案？答案是不一定。掌握这些概念之后，你还需要在应用时注意以下两点。

1.要养成思维认知，而非套用模板

你需要将上述几个概念变成一种设计思维，**而不是将其当作模板套用**。比如很多同学在准备作品集或者做项目工作汇报时依旧会出现以下问题：

- 设计目标定义空泛；
- 设计目标和设计策略无法结合；
- 设计方案和设计目标脱节；
- 设计方案冗长且没有重点，该展示的却没有展示，等等。

出现这些问题的原因主要就在于过于追求形式而忽略内容。设计研究和推导过程有时是后期增补上的，这个时候如果还只关注模板和形式，内容之间的串联就会出现偏差，完整流程就会显得不够连贯。

这种设计认知和知识体系如何建立起来，可以在后续的"068 **如何建立自己的知识体系？**"中看到详细的答案。

2.设计目标分清主次，设计原则排优先级

我们在工作过程中遇到的每一个目标、每一项原则，都需要分清主次：有多个设计目标时，目标就要排出先后顺序；制定多项设计原则时，原则就要区分出优先级。尤其是在资源有限的情况下，排出每一个目标和每一项原则的优先级显得尤为重要。

以设计原则为例，在日常设计工作中，小到"某个元素是否应该去掉"，大到"整条流程是否应该简化"，都可以通过设计原则的优先级来做判断。

这一点，可以在后续的"032 产品的'设计原则'真的有用吗？该怎么用？"中看到详细的讲解和案例。

在设计工作中还会涉及很多的设计方法、模型、工具的应用，你会在接下来的问题中一一看到。

002 合格的体验设计师，应该如何完成设计需求？

综合用户视角和业务视角，体验设计师对于设计需求不同的处理方法，能够直观反映出专业能力和工作水准。

作为体验设计师，最常做的工作就是按照产品经理给出的PRD（Product Requirement Document，产品需求文档）完成设计需求。我们都知道设计需求要分轻重缓急，非重点的需求可以减少时间精力的投入，但对于那些重点的设计项目，很多同学就有些把握不好分寸。我就经常会收到如下的问题：

"重点的设计需求应该如何处理，才能体现设计的价值呢？"

"为什么我感觉这种日常设计需求，根本体现不出我的设计能力呀？"

"我感觉我就是一个按照 PRD 画设计稿的搬砖工，我的专业水平很久都没有进步了……"

在大厂的这几年，我看过、亲历过的设计需求处理方式五花八门，但总的来说，可以归纳为以下三类：

第一类：完成任务，保证设计质量。

第二类：完善设计需求，提出改进意见。

第三类：综合用户视角和业务视角，发挥设计价值。

这三类方式，也可以理解为从低到高的三个层级，直接反映出设计师的专业能力和工作水准。

第一类：完成任务，保证设计质量。

大部分设计师都会以"完成设计任务"为工作目标。在接到设计需求后，他们并不会做过多额外的动作，对着产品给出的PRD即刻开工。

虽然这类设计师在设计过程中遇到问题也会跟产品沟通，但他们始终对PRD给予充分"信任"，即使对细节有质疑，也不会做过多的争辩或反驳。所以这类设计师的设计成果很大程度上受制于产品PRD的质量。他们的设计稿完成情况通常是：

- 基本能够按时按量地完成设计需求；
- 中规中矩，设计成果不会出大问题但也不会有惊喜；
- 设计质量主要依赖PRD的质量，设计稿时常会被前端、后端开发人员质疑，追问流程问题，或是被要求补充交互细节；
- 设计稿的修改次数、评审次数和后期细节问题讨论次数，会由设计修改情况来决定。

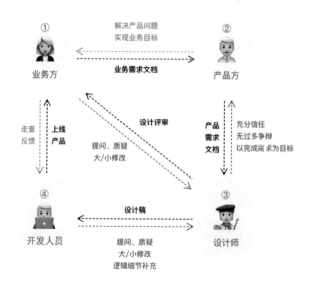

设计师以"完成需求"为目标的工作流程

第二类：完善设计需求，提出改进意见。

以这种方式来处理设计需求的设计师，在接到需求后，通常会先深入分析产品需求、了解功能细节，也会查看同类的竞品情况；有时还会对PRD建立自己的理解，并在设计稿中有所体现。

在评审设计稿时，这类设计师会有理有据地表达自己的观点，尽量争取使用设计优化后的方案替代 PRD 中不足的方案。他们通常会取得的设计成果是：

- 在设计稿保质保量完成的同时，补充一些专业的细节和优化方案；
- 使用设计思维和专业方法，让产品的整体体验更加流畅，功能更加易用；
- 评审的过程中，难免会与产品经理和开发人员产生争论，需要项目中的多个相关方对方案进行综合评估和取舍。

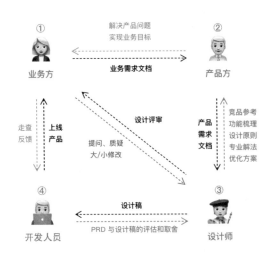

设计师以"优化、完善需求"为目标的工作流程

第三类：综合用户视角和业务视角，发挥设计价值。

这种设计需求的完成方式更为专业。这类工作方式下的设计师不仅会深入分析 PRD 和竞品，在没有条件做用户调研时，也会把自己当成用户，从用户视角来分析问题。

看到这里，你可能会在心里犯嘀咕："哦，听上去似乎也没有那么厉害呀，我也会用到用户视角，我也在考虑用户体验呀。"别急，我们再展开说说。

在接到设计需求时，这类设计师会根据PRD做以下几件事情。

1.梳理用户的任务流程

用户的"任务流程图"就是指用户在本次需求中会经历的关键步骤的流程概述。它可以帮助设计师整理清楚设计需求中的关键节点。要知道"用户视角"并不是简单的单点式思考，因为产品的使用流程大多都是线性的。因此这么做的好处是：

- 从全流程视角，更清晰地理解产品功能和用户使用方式，以便于对整体流程做优化；
- 对关键节点进行检查和补充，比如在节点处会有哪几种判断逻辑、是否要对用户进行引导，等等，既可以减少体验断点，也是给PRD查缺补漏；

- 整理出明确的设计重点环节，设计发力更有侧重，保证关键环节不掉链子。

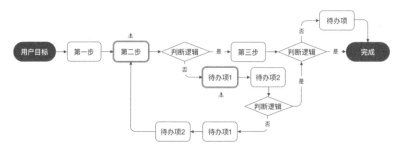

用户任务流程图示例，黄色为重点环节

2.拆解产品方和业务方的核心诉求

对于这类设计师来说，PRD的内容只是"待办项"，不是最终"需求项"。比PRD更有价值的是产品和业务的目标，PRD对于实现产品需求和业务目标来说，并不一定就是最优解。从"业务需求"和"产品需求"推导出的"设计目标"对设计稿的产出更有指导意义，能够让有经验和想法的设计师对产品需求和设计方案进行再定义。站在产品视角和用户视角，对 PRD 提出挑战和质疑，是这类设计师的工作常态。

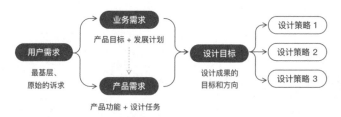

从用户、业务、产品需求推导出设计目标和设计策略

3.根据实现能力，提出多个方案

对于不完全确定可以实现的设计方案，设计师会在设计稿中画出 2～3 个方案，在评审中保持开放的态度，多方协调确定最优解。

经过上面一系列操作，设计师的设计成果将会是：

- 保质保量地产出令其他人信服的设计思考和最优方案；
- 从用户立场出发，注入设计思维，让产品体验更上一层楼；
- 从产品或业务目标出发，用设计为业务主动赋能，尽可能地发挥设计的最大价值；
- 前期思考得越全面，后期反复修改、评审设计稿的用时就越少，可提高整体工作效率。

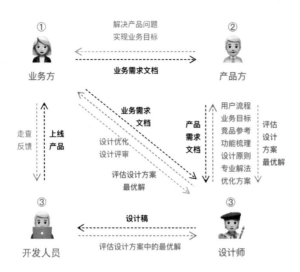

设计师从"用户视角"和"业务视角"出发的工作流程

从以上这三类设计需求处理方法也可以看出一个设计师的综合素养和专业能力。你可以看看自己在平时接需求、做需求时，处于哪种状态和层级。当你不断地使用高级的工作方法来承接设计需求时，你的设计能力也会有所提升。

有时最好的学习方式，不是用各类课程填满空闲时间，而是在每一份看似平淡、枯燥的工作任务中积极思考，不断尝试，推陈出新。

003 "双钻设计模型"应该如何理解和使用？

双钻设计模型提供的是"从发现问题到解决问题"的标准设计思路和工作方法，适用于从产品需求定义到设计成果产出的整个过程。

相信很多做体验设计的同学都听过"双钻设计模型"，但是听过、见过却不会应用的同学也不在少数。L同学就问过我如下问题：

"我对于'双钻设计模型'其实不是很懂，也不知道具体如何在工作中使用，请问可以具体讲讲这个模型吗？"

我们先来看看什么是"双钻设计模型"。双钻设计模型（Double Diamond Design Model）是由英国设计委员会（British Design Council）在2005年创立的，至今仍适用于各类设计工作。

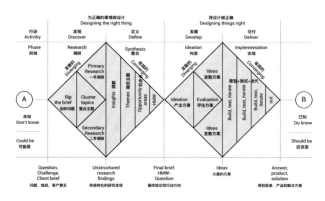

由英国设计委员会提出的"双钻设计模型"

"双钻设计模型"被很多设计师或设计机构做过概念变体和衍生，所以你可能经常会看到各种各样类似的"设计模型"，有的是"三钻"的，有的是四个三角形的。不过，你不用在意这些模型是叫作"双钻模型""三钻模型"还是"两个四边形模型"，其核心都是在讲一套使用设计思维解决问题的思路和方法，这套思路和方法适用于从产品需求定义到设计成果产出的整个过程。

在这个过程中，"双钻设计模型"的两个"钻"，能够分别帮助设计师：

（1）洞察和挖掘产品真正的问题，也就是模型中第一个"钻"的核心目的：Designing the right thing，为正确的事情做设计，即"做正确的事"。

（2）通过恰当方法找到设计最优解，也就是模型中第二个"钻"的核心目的：Designing things right，将设计做正确，即"正确地做事"。

这样，你就能够将一个未知的、不确定的事件A，转变成已知的、确定的事件B了。

"双钻设计模型"两个"钻"的核心目的

接下来在"双钻设计模型"中提到的设计方法和流程，都是在这两个核心目的的指导下展开的，你会看到很多熟悉的设计思路和方法。

"双钻设计模型"主要分为四个主要阶段（Phase），对应着四个关键行动（Activity），每个"钻"中各两个，分别是：

（1）调研阶段（Research），对应的行动是"发现"，发现问题、需求或优化点。

（2）整合阶段（Synthesis），对应的行动是"定义"，定义问题、目标、策略和方法。

（3）构思阶段（Ideation），对应的行动是"发展"，发展方案和解法。

（4）实现阶段（Implementation），对应的行动是"交付"，交付最终的解决方案。

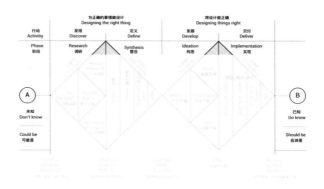

"双钻设计模型"的四个"阶段"和"行动"

有同学会问："那就好好做成阶梯状的模型呀，为什么非要画成菱形结构，难道是因为像钻石所以看上去很容易引起重视？"这就是"双钻设计模型"的精巧之处了。我们都知道"形式追随内容"，这个模型之所以做成"双钻"，也是因为在"调研阶段"和"构思"的工作环节中，工作状态和设计方式是发散的（Diverging），即你需要广撒网式地收集各种信息和资料，或者产出大量的、不同的方案。所以模型中就用表示"扩张"的三角形来表示这两个阶段。

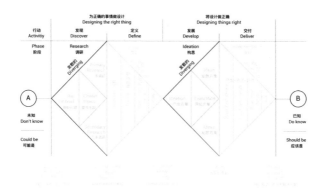

"双钻设计模型"中两个发散的阶段

　　而在"定义"和"交付"的工作环节中，工作状态和设计方式是收拢的（Converging），即需要通过收集的信息和资料进行分析和总结，或者对产出的方案和想法进行整理和筛选。所以模型中就用表示"收拢"的三角形来表示这两个阶段。

"双钻设计模型"中两个收拢的阶段

　　我们再一个一个阶段详细展开来看。

1.调研阶段

　　在调研阶段（Research），需要通过产品面临的问题、挑战和客户反馈入手，对现状进行分析探究和资料收集，得到一些非结构性的洞察和发现。

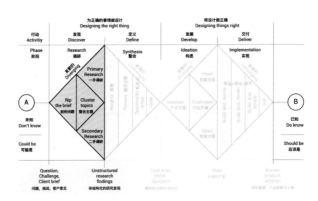

调研阶段的起点和产出

　　调研阶段需要做的是：

　　（1）剖析问题：接到问题，先就问题本身进行拆解、分析和思考。注意，这也是个思维发散的过程，所以"双钻设计模型"使用"扩张"的三角形来表示。

　　（2）整合主题：通过对问题的剖析整理出相关的主题和方向。注意，这是个总结的过程，所以模型使用"收拢"的三角形来表示。

（3）一手调研：通过对用户的实地调研、访谈等方式获得一手信息和资料。

（4）二手调研：通过网络、书籍、相关人员获得二手信息和资料。注意，这两个调研都是广泛收集资料的过程，所以"双钻设计模型"使用"扩张"的三角形来表示。

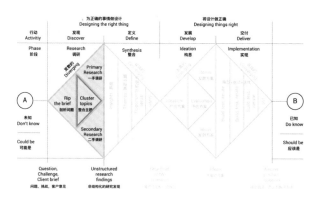

调研阶段中的发散过程和收拢过程

2.整合阶段

在整合阶段（Synthesis），需要对上一个阶段得到的信息、资料进行更深入的分析和总结，得到最终结论和行动方向。

整合阶段需要通过更进一步的洞察来确定设计的主题、目标、机会点和策略，以此来指导下一步的行动方向。你可以通过"HMW-Question"（How might we⋯？即我们怎样才能⋯⋯？）来推进结论的产生。

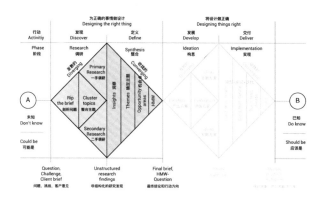

整合阶段的工作过程

3.构思阶段

在构思阶段（Ideation），需要根据上一个阶段得出的结论和目标进行构想，产出大量的想法和方案。

　　构思阶段需要做的是对设计方案的发散、呈现和评估。我们依旧能够看到产出方案和发散方案的过程都是使用"扩张"的三角形来表示，而评估方案则是对方案进行筛选和比较的过程，会选择出最适合的一个或多个方向，因此采用"收拢"的三角形来表示。

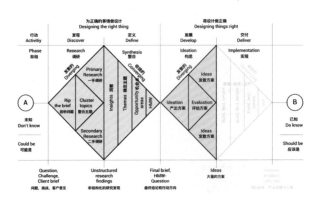

构思阶段的工作过程

4.实现阶段

　　在实现阶段（Implementation），需要根据上一个阶段产出的值得深入的设计方案，进行方案原型的制作、测试和更新迭代，得到最终产品方案。

　　实现阶段需要做的是不断地测试和迭代，淘汰不可行的方案，并将细节进行深入打磨，兼顾各维度的利弊，交付最优方案。

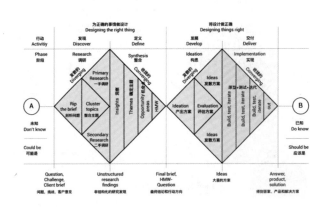

实现阶段的工作过程

　　可以说"双钻设计模型"提供的就是"从发现问题到解决问题"的标准设计思路和工

作方法，适用于解决各种类型的问题。也可以在平日承接设计需求时，练习使用这样的思路，训练自己的设计思维和工作能力。

设计模型仅靠白纸黑字的阅读和理解，是不足以体现出其价值的。为应对变化多端的设计问题，还需要更多的设计方法和实践经验的加持。

现在的你，在看着这个模型时可能会想："原来在得到设计方案之前要经历这么多过程！"而当你将其中的环节牢记于心，并能将涉及的工具和方法熟练应用后，也一定会感叹一句："设计思维和过程，不就是这样万变不离其宗嘛！"

这种设计认知和体系如何建立起来，可以在后续"068 如何建立自己的知识体系？"中看到详细的答案。

004 "设计价值"应该如何理解？又该怎样体现？

"设计价值"这个概念很有趣，你越是直接地追求这四个字的最大化，就越是舍本逐末。在商业社会，设计之所以有价值是因为它能为业务创造价值。

作为设计师，要论在工作中最常听到和用到的词语，一定少不了"设计价值"。我也经常收到大家提出的与"设计价值"相关的问题：

"我觉得我的设计很有价值，该怎么说服产品经理采纳我的方案，把设计的功能加到产品中？"

"如果我想在设计稿中增加一些字段和设计细节，怎么能够说服开发人员这是有意义和有价值的改动？"

"当前的产品目标就是快速上线，让业务先跑起来，设计是否应该简洁，减少页面开发复杂度？那设计价值又如何体现？"

你是否也有类似的困惑？我也曾经迷茫过一段时期。后来发现那时我的很多观点和想法都是站在"**设计师的立场**"来思考和表达的。总想着要为产品多做一些"设计赋能"，认为不对产品做大的改动和创新就看不到"设计"，更不要说还能看得到"设计价值"。

但一路走来才发现，"设计价值"虽然是由设计师创造，但却不应从设计师的立场出发来思考，而是要站在业务的立场，从业务的角度思考设计的价值和意义。

作为设计师，我们的本职工作是**保质、保量地完成设计需求**，并用设计思维赋能业务。这里说的"赋能业务"就是为业务创造价值，也是设计价值的根本体现。

在日常的设计工作中，在接到设计需求后，可以从视觉表现、交互体验、操作流程等方面来做设计优化，这是很有必要的。不过，你也一定要注意"**出发点**"。你的"出发点"不应该是"突出设计工作和设计方法",也不应该是"为了增加某个效果",而应该是"为了赋能业务",即"实现了哪些业务目标,解决了哪些业务问题,创造了哪些业务价值"。

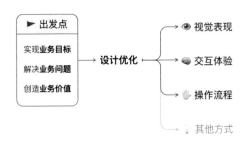

设计的出发点来源于业务

业务的价值有很多种。一部分业务价值来源于用户提供的产品营收。而设计师作为产品与用户之间的桥梁,需要经常和用户打交道。因此,设计师想要利用设计思维和手段为业务创造价值,自然而然就可以通过"对用户的需求洞察和体验优化"来实现。

对于设计师来说,这样创造业务价值的方式就有很多种,比如:

- 可以将产品的视觉体验和交互方式设计得更好,让用户更喜欢使用;
- 可以分析产品数据和用户画像,为用户提供更加个性化的设计体验和服务;
- 可以做好用户引导和提示,降低用户的操作门槛,等等。

设计师用以上方式会直接或间接地为产品带来收益,也就可以实现业务目标和业务价值。

在商业职场中,设计之所以有价值,是因为它能为业务创造价值。"设计价值"这个概念很有趣,你越是直接地追求这四个字字面意义的最大化,就越是舍本逐末。

如果你能够正确地理解"设计价值",那么你对设计本身将会有新的认知。

1.你的思考方式会发生转变

以前总在想:"为了体现 '设计价值',我需要怎样做?"

以后开始想:"为了实现业务目标、解决业务问题,我的设计要怎样做?"

2.你的设计过程会做出调整

以前总在做:用设计方法和设计研究来证明设计的存在。设计师如果不做用户调研、可用性测试或用户体验地图,没有长篇大论的设计研究过程,设计工作就没有存在感。

以后开始做:设计工具和设计方法的使用都来源于业务的需要,不再为了"使用而使用";设计研究的方向来源于业务的发展诉求,不会面面俱到,只抓关键问题,做有针对性的深入剖析。

3.你对设计成果的评价标准会有所改变

以前总不解："为什么我做了这么炫酷的视觉效果和交互方式，还为此沉淀了一套设计方法论，产品方和业务方还不买单？"

以后开始懂：只有解决了业务问题的设计方案才更值得被认可；只有能够为业务赋能的设计专业研究才更值得花费更多时间和精力。

你对于设计本身将会有新的认知

到此你会发现前文的几个与"设计价值"相关的问题都迎刃而解了。比如：

问题1：如何说服产品经理采纳我的方案，把设计的功能加到产品中？

产品经理也是希望产品和业务能有更好发展，你们战线统一、目标一致。

因此，你可以先从业务视角审视一下你的设计方案。如果你是站在业务立场上思考产品的设计优化，贡献出了能够解决业务问题、完成业务目标的方案和优化点，自然无须"多费口舌"。只需要讲究一些沟通的技巧，在时间和成本允许的情况下，产品经理就没有理由拒绝你的方案。

问题2：我增加的设计细节如何让他人看到价值和意义？

如果你的设计细节对业务有价值，无须刻意地喊出来，大家也都能看得到。但如果你只是为了彰显"设计的细节"，尤其是在业务以速度优先的时候，还是要三思。

问题3：在追求业务发展速度时，设计就理应简洁？设计价值就无从体现？

设计师的工作原本没有"理应"一说，也不是单纯的增增补补、删删减减。你的每一个设计行为的背后，都是你以业务目标为出发点做出的思考和分析。

业务价值和用户体验从长期来看本质上并不矛盾，只是有时在短期内由于多种因素的影响，两者会存在一定的冲突。能够适时地做出判断和取舍，也是设计师的能力之一。

在有限的资源和条件下，综合运用无限的设计思路和方法，帮助业务更好地解决问题、实现目标、创造价值，这也是设计真正的价值所在。

如果你的确是以业务目标和价值为出发点做的设计优化，但还是没有办法说服他人，那你还可以增加一些沟通技巧。可以查看这两篇回答："033如何说服他人认可自己的设计方案？"以及"051 设计协作中有哪些实用的沟通技巧？"

关于我对设计价值的思考，你还会在本书的其他问题中看到，希望可以让你对"设计价值"这四个字，有不一样的认知和理解。

005 面对新的设计领域，如何开始系统性学习？

道、法、术、器，从内核原理到表层技法，建立思维框架，融会贯通。

知识星球里的T同学，最近接到了很多业务运营的UI设计需求。在工作的过程中，她注意到一些好的运营UI设计，都加入了简短的动画效果，为页面增色不少。

于是她和我说，她很想学习UI动效设计。但她也有些迷茫："我现在已经开始自学AE、C4D的基础操作课程了，但还是有点摸不到方向，要学的东西很多也很杂，总觉得不成体系。"最后她问我，"您有没有什么好的方法，让我从学习交互动效，到实际落地应用，可以更加有系统性呀？"

其实我们每个人在面对新的知识时，或多或少都会有些迷茫。大部分情况是，我们东拼西凑地看了很多学习资料，感觉掌握了一些规则，但这种学习和努力的方式都是散点式的。于是更多时候，我们会觉得对知识领域"看不清，摸不透"，无法建立更完整的理解和认知，甚至规划不出明确的学习计划和目标。

关于学习方法这件事情，以我个人的学习经验，我推荐"道、法、术、器"的思维方式。

"道、法、术、器"出自老子的《道德经》，你可能会觉得很抽象，甚至有点故弄玄虚，但实际上它却离我们并不遥远，而且我敢肯定，你曾经其实也或多或少地使用过这套方法。

举个例子，你在学习骑自行车。自行车是"器"；学会蹬脚踏板和刹车就是一种技能，是"术"；在转弯时减速并伸手提醒后车，是"法"；而真正让你把车骑起来的，是你控制住了身体的平衡核心并建立起安全意识，也就是掌握了"道"。这种对于身体平衡核心的控制、转弯时减速的认知，除了用在骑自行车上，也可以用在骑电动车上。

因此，"道、法、术、器"这种思维方式，既可用于习得新知识，融会贯通；也可用于迁移老技能，举一反三。

我们再来看看 T 同学的问题：如何去系统性地学习 UI 动效设计？我们可以从以下几个层面入手。

1.道，也就是交互动效的基本价值观，是指导思想

所谓的指导思想，会帮助你建立起评判标准，即让你明白：什么样的动效是好动效？做动效的根本目的是什么？什么时候应该/不应该添加动效？等等。

这些问题的答案会成为你日后做好动效设计的重要判断依据。

2.法，也就是交互动效的设计原则和规范体系

交互动效设计原则有很多，这些原则来源于这个行业中前人的实践思考和归纳总结。比如，动效的持续时间有一定的标准，设备的大小和元素的面积都会对动效时长产生一定影响。

了解这些原则和规范，可以帮助你更快速地做出"对的设计"，避免出现大的错误。

3.术，也就是解决问题的流程、策略和方法

与很少会发生变化的"道"和"法"相比，"术"可以千变万化，可以有很多衍生，也最容易被迁移。在"术"这个层面，你需要了解到的是工作流程，以及在应对各种问题场景和需求的时候，应该使用哪些策略和方法。比如，如何从 0到1 完成动效设计需求？与上下游的工作方式和协作模式是什么？针对某个问题，通用的解决方案是什么？

知晓了这些内容，你就会很迅速地融入工作中，也会很自然地知道该从哪里开始着手设计。

4.器，也就是做动效设计的技能和工具

"工欲善其事，必先利其器"，最终做出设计稿就要靠这些工具。比如，用来做动效的 AE、C4D 等软件。

以上你可以看到，以 UI 动效设计为例的"道、法、术、器"这套学习思维的应用方式。你可以尝试将它应用于正在学习的新领域，相信一定也会有所收获。

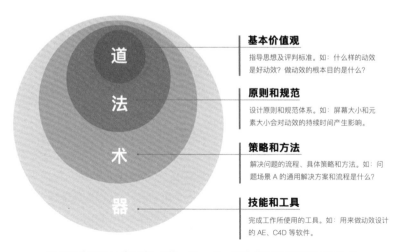

以 UI 动效设计为例的"道、法、术、器"学习思维的应用方式

另外，我再分享一些应用心得。

1.在学习时，四个层面没有绝对严格的执行顺序

我们并不需要严格按照"道、法、术、器"的层次顺序来执行学习计划。尤其是对于相对枯燥的专业领域，先以相对简单的"器"的技术手法层面进行切入，会更容易看到成效，激励起你的学习热情。与此同时，可以一点点地深入研究其内核，表里两不误。

2.既要积累前人的经验，也要总结自己的方法

我们发现："道"是知识领域的自有属性；"法"和"术"是前辈沉淀的原则规律。除了沿用，也需要有自己的思考。"器"的层面也是如此，虽是工具，也要总结出适合自己的学习方法。只有不断地思考和总结，才会把知识变成认知，变成属于自己的智慧。

006 产品的设计体验度量模型该怎么用？

度量模型的本质是一种产品设计及体验的质量的评估工具。你可以根据产品特点和想要度量的内容，有目的性地、有选择性地、部分性地对业内已经成熟的度量模型进行借鉴和应用。

作为用户体验设计师，产品体验度量模型是逃不过的设计概念。很多同学一提到"度量模型"这几个字就头痛。我也在知识星球里收到过不少同学关于这个概念的提问，大多数都是让我帮忙分析几个模型之间的优劣，想看看自己应该将哪一个模型用在自己的产品上。比如L同学的问题是这样的：

"请问可以对比分析下SUS（System Usability Scale，系统可用性量表，是一种产品体验度量的模型）和UES（User Experience System，阿里云设计中心经过设计实践沉淀下来的云产品使用体验度量系统）度量模型吗？公司主要做B端系统，请问这两个度量模型哪个更实用？"

再比如H同学的问题是这样的：

"蚂蚁集团的PTECH模型（蚂蚁集团平台设计部于2019年提出的用于评估企业级产品体验的度量模型）和'两章一分模型'（蚂蚁集团平台设计部于2020年提出的新的体验度量模型），相比较而言后者是否更轻量级、更适合度量技术类的工具设计？"

对于这类问题，我通常给出的回答并不是解释这些模型的具体用法，或者罗列出这些模型的利弊，因为这种解释对于提问的同学来说是治标不治本的。学知识要究其本质，我们就先看看以下这几个本质性的问题，如果你都读懂了，自然就会得到上面这些问题的答案了。

一、体验度量模型是什么？

体验度量模型也可以被叫作"产品体验评估模型"或"设计质量检测模型"等。这类模型的使用对象通常是设计师或用户研究团队，其本质是一种产品设计及体验的质量的评估工具。一套体验度量模型的组成通常包括以下几部分。

1.度量维度

度量维度是对要度量的内容的性质做定义和分类，为的是让度量过程更具备逻辑性和全面性。通常这些维度的英文首字母结合在一起，就是这个度量模型的名称。

比如蚂蚁集团平台设计部于2019年提出的用于评估企业级产品体验的度量模型PTECH，其实就是从产品的性能体验（Performance）、任务体验（Task success）、参与度（Engagement）、清晰度（Clarity）、满意度（Happiness）这五个维度来对产品的设计和体验质量做评估。这几个单词的首字母就组合成了"PTECH"这个模型名称。

蚂蚁集团平台设计部PTECH体验度量模型的5个维度

再比如谷歌公司设计团队提出的HEART模型，就是从用户的愉悦度（Happiness）、参与度（Engagement）、接受度（Adoption）、留存率（Retention）和任务完成度（Task success）5个维度来评估产品的体验质量的。同样的，这几个单词的首字母就组合成了"HEART"这个模型的名称。

HEART 模型的 5 个维度

Happiness 愉悦度	**E**ngagement 参与度	**A**doption 接受度	**R**etention 留存率	**T**ask success 任务完成度
用户体验中的主观感受	用户在一个产品中的参与深度	在特定时期内有多少新用户开始使用产品	在特定时期内多少用户在下一个时期仍然使用	用户完成动作的效率

谷歌公司设计团队提出的HEART模型的5个维度

2.度量方法

度量方法包括需要度量和检测的具体内容、注意事项、操作策略和具体操作步骤、完成的指标等。目的在于告诉设计师需要收集哪些内容和信息，以及用什么策略和方法来做度量。

度量方法通常会从度量维度出发，针对每一个维度给出不同的策略和方法，并匹配对应的指标。比如我们上面说过的PTECH模型，除了划分度量维度，也对每个维度下关键的度量内容和度量手段做了规范和定义。

蚂蚁集团平台设计部PTECH体验度量模型的度量方法

3.评分机制

评分机制并不是必备项，可以被明确而简单的指标替代。由于每项具体的度量内容对于产品设计和体验的权重和影响不同，当设计师想要对产品整体的体验质量有一个精准的量化认知，就需要通过数字化公式进行计算。所以一些完整性较高的度量体系都是具备评分和转化机制的。

评分机制可以帮助设计师更精确地评估出产品的质量水准，对于问题也可以分析得更为精准。还是以PTECH模型为例，这个模型就引用了一套复杂的分数转换和核算方法，将5个维度测量出来的内容结果转化为数值，帮助设计师精确计算出产品的体验分值。

这种数字计算公式和方法并不是随随便便拍拍脑袋就可以想出来的，其中的逻辑和推演过程相当复杂，没有数学功底或是对度量模型不了解是不行的。

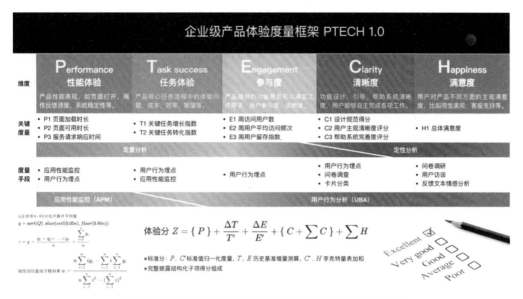

蚂蚁集团平台设计部PTECH体验度量模型的分数计算公式

不过不得不说，这种高级的换算方式，不仅在确定公式的过程中增加了模型的复杂度，在使用公式计算出最终得分的过程也同样给设计师增加了不少工作负担。所以现在很多度量模型也会选择避重就轻，使用更加简单明了的指标来呈现度量结果。比如谷歌公司设计团队提出的GSM模型，就是将结果的评估重点放在指标的定义上，来判断设计质量的水平和标准。

GSM 模型用在导购页面的用户体验质量数据指标示例

Goal / 目标	Signal / 信号	Metric / 指标
吸引度	• 更多用户访问此页面 • 更多用户知道此页面的品牌 • 更多用户在页面上有点击 • 用户在页面上有更多的点击 • ……	• 页面 UV 到达率 • 页面品牌知晓率 • 点击数量和点击 UV 转化率 • 点击数量和点击 PV 转化率
完成度	• 用户能够更快地找到目标 • 用户能够更快下单 • 用户下单前的操作次数更少 • 更多用户收藏了商品 • ……	• 首次点击时间 • 创建订单前查找产品消耗时间/订单产品数 • 创建订单前此页面点击 PV 数/订单产品数 • 收藏产品 UV 转化率
满意度	• 用户对页面好评度提升	• 满意度主观评分
忠诚度	• 更多用户回访 • 更多用户再次购买产品	• 30天内页面 UV 回访率 • 页面老顾客30天内支付 UV 重复购买率 • 页面老顾客30天内支付人均订单数
推荐度	• 用户向他人推荐了此页面或 页面上的品牌	• NPS 值 • 来源页面新用户 UV 比例

谷歌公司设计团队提出的GSM模型

23

二、为什么会有这么多的体验度量模型？

看到这里你可能就会有疑问：本来都是对产品设计和体验的质量评估，为什么要有这么多不同的模型？大家就不能共同使用一套统一标准吗？

这是因为一款产品的评估方式本来就是多维度、多方面、多标准的，制定和使用统一的检验标准，是几乎不可能实现的理想情况。由于度量模型本身具备与产品强绑定的工具属性，所以抛开产品自身的特点和需求谈体验度量，是不合理的。

蚂蚁集团的设计团队就应用过PTECH模型和"两章一分模型"等不同的度量方案。对于这种情况，相信集团内部也曾经想努力地统一度量模型，尽量避免重复造车。但实际情况却是，这么多条业务线和产品类型，都各自有自己的想法和诉求。所以每条业务线各自沉淀、百花齐放，也就有了不同的评估标准和模型工具。

值得一提的是，这种各自沉淀的过程并不是完全地重复造车，而是思路和经验上的相互借鉴，取长补短，让每个团队都可以找到适合自己业务的度量模型。

三、这些度量模型该怎么用？

判断一款度量模型好不好用，其实只有一个核心的判断原则：只有适合的，才是好用的。

同样的道理，当你想要对产品应用度量模型来做体验评估，也只有一个核心的使用原则：把度量模型当作工具去使用，而不是当作规则去迎合。

在实际工作中，工具和方法大多数情况下都是用来解决实际问题的，而它们的诞生也源于使用者对于这些问题的梳理和总结。你能看到的这些经典的度量模型，都是设计师对于几十个乃至上百个项目千锤百炼后的经验沉淀，或多或少都会带有一些各自的业务特性和场景属性，因此没有绝对的高低优劣之分。

现在你应该明白了，能够完全适合你的产品特征、匹配你的检测需求的经典度量模型是极少数的。这也是为什么你在借用这些模型的过程中，有时会产生"不太好用"或"生拉硬套"的感觉。

你可以根据自己产品的特点和想要度量的内容，有目的性地、有选择性地、部分性地对这些业内已经成熟的度量模型进行借鉴和应用。当然在你的时间和精力允许的情况下，我也鼓励你参考这些经典案例，打磨出针对自己产品的定制化度量模型。

所以你要做的，不是一板一眼地套用某个模型，而是发挥主观能动性，去判断、去筛选出真正对你的产品有用的部分，以及去学习这些模型搭建时的思考方式和工作经验。

度量模型即使再复杂，究其根本它也只是一款评估工具。对于这款工具的应用，不要为了彰显设计师的"工作量"或"学术专业性"而应用，也不要被这个工具限制住思考的能力。我们的核心目标始终是用它来发现产品的问题，并找到有效的解决方案。

说了这么多，再来看看开篇的问题：SUS和UES度量模型哪个更实用？你应该知道答案了吧？

007 可用性测试应该如何开展？

可用性测试是一种用户调研和产品检验的方法，在可用性测试中可以综合使用很多设计工具，来获得用户对于产品的评价和感受，来判断产品是否"可用"与"好用"。

如果你是体验设计师，想必对于"可用性测试"这几个字并不陌生。不过很多同学并不是真地能够理解这个方法，也不知道到底该如何使用。我就经常会被问到这样的问题："可用性测试是一种测试工具吗？有没有具体的测试模板？"或者"什么样的产品需要做可用性测试呢？是不是只有新产品需要呢？"

"可用性测试"是指让产品的典型用户在特定场景下，操作指定的产品流程，发现用户的使用难点，验证产品功能的有效性。所以虽然有"测试"这两个字，"可用性测试"却不仅仅是一款测试工具。它其实是一种用户调研和产品检验的方法，在可用性测试中可以综合使用很多设计工具，来获得用户对于产品的评价和感受，来判断产品是否"可用"与"好用"。

可用性测试的现场

由于是对产品的"可用性"进行检测，即当检测出产品功能存在一定的使用问题时，设计师可以在产品未上线之前及时进行优化，所以可用性测试通常是在产品方案的验证阶段使用，最适合的时机是在产品的交互方案基本确定，尚未进入开发之前。因此不仅是新产品，老产品整体翻新或上线新功能，都可以使用可用性测试来做检验。在测试的过程中，设计师也可以更好地了解用户需求，与用户产生共情，以促进产品日后的更新迭代。

一场可用性测试建议时长为40～60分钟，通常由设计师或产品经理、用户研究员等人进行筹划。想要将测试做得好，并不简单，通常会分为三个主要阶段：测试准备、测试执行和结果分析。接下来我们具体来看看每一个阶段中需要关注的重点内容和注意事项。

阶段一：测试准备

如果你想收集到更多的用户反馈和信息，就需要做好充分的测试准备。在测试准备阶段，需要设计师和产品人员、开发人员一起写好测试方案，准备好要测试的产品原型，有条件的话还可以对测试进行预演。

测试方案一般包含测试目的、任务安排、用户招募、工具准备等几部分。

1.测试目的

明确测试目的很重要，且颗粒度要足够具体，至少要包括以下两点：

（1）重点测试哪些功能，分清主次。

（2）重点观察用户的哪几类行为，如手指行为、语言、表情等。

2.任务安排

在做任务安排时至少要考虑两部分内容：

（1）测试中的人员配合及工作分配。

（2）测试任务的主要内容描述，包括任务的背景和目标。不仅是工作人员需要了解，在测试的过程中也需要告知用户。因此语言尽量要直白易懂，带有一定的场景化，让用户一听就知道要做的任务是什么。

3.用户招募

我们在招募用户时需要考察用户的数量和质量：

（1）用户数量：业内公认的是尼尔森（领导全球的市场监测和数据分析公司）"5人原则"。通常来说测试5名用户就能发现80%以上的可用性问题。有些公司也会做6～8人，以确保每个任务至少有4～5人的有效测试。

（2）用户质量：招募合适的用户也非常重要，会直接影响测试结果的有效性。可以根据后台的用户数据，对应需要完成的测试任务内容，挑选不同使用经验（如使用频次较高或较低，最近一周使用过该功能、咨询过相关问题等）的用户作为合适人选。

4.工具准备

测试过程中我们可以综合使用各种工具，比如线上的产品原型、在纸张上粘贴便签的测试工具、任务描述表、产品满意度评分表等。

通常来说，产品原型的完成度越高，测试效果越好，所得到的用户数据和信息越准确。原型制作完成后，一定要先进行模拟测试，提前将明显的错误改正过来，减少正式测试时的时间浪费和结果误导。如果时间和成本不足，也可以采用简易的原型制作方案进行测试，比如在纸上或白板上用笔和卡片进行绘制。

除了各种专业的测试工具，我们也需要根据实际测试内容来准备不同的辅助工具，包括记录工具、拍摄工具、保密协议、用户小礼品等。

如果你能够在正式测试的场地中提前排练，一定要抓住机会。因为针对用户的可行性测试通常是不可逆的，模拟预演可以最大程度避免失误。

阶段二：测试执行

测试准备完毕后，就可以开始对用户进行正式测试了。通常我们会将一场可行性测试分为三个环节：暖场、进行任务、试后访谈。

1.暖场

暖场是为了消除用户的紧张感，拉近设计师与用户的距离，可以让接下来的测试更加自然，更趋近于真实的使用场景。

暖场时一般先由主访人介绍同行人员、目的和流程，包括但不限于以下内容：

- 主访人跟用户自我介绍；
- 签订保密协议（如需要）；
- 说明录音录像的隐私保护，并开始录音录像；
- 发放任务概要，介绍测试流程及测试时间，明确用户理解了任务；
- 鼓励用户在做测试的过程中说出自己的操作体验和当下的想法（很有必要）。

2.进行任务

我们需要先对用户做任务的描述，即告诉用户将要做的任务是什么。在确定用户理解了任务之后，请用户进行独立操作。操作过程要注意录像和拍照，并做好记录。需要注意以下几点：

- 测试不是考验用户的智商和能力，只是验证设计方案的可行性。
- 要特别注意观察用户的情绪和行为，比如用户在单个页面停留时间比较长，或用户皱眉以及不经意的抱怨，往往意味着遇到了困难。
- 单次测试一般需要用户操作1~2个任务，最多不要超过3个。
- 一般不要与用户有过多交流，过程中遇到的问题尽量让用户自己解决。如实在不能解决，再给予少量提示，同时做好记录。

我们也可以提前准备好表单，用于记录用户表现，表单的形式参考模板见下图（电子版可扫描本书封底二维码下载），表单的内容并不固定，你可以根据自己的产品或业务需求自行确定或增删内容。

可用性测试——记录表模板

	项目	内容	
用户背景	用户名称		
	用户特征		
	公司及部门		
	产品整体体验		
	产品使用经验		
	竞品使用经验		

	项目	任务一	任务二
任务完成情况	完成时长		
	被提示次数和内容		
	用户遇到的问题		
	用户提出的疑问		
	用户的需求		
	其他内容		

可用性测试记录的参考模板

3.试后访谈

测试任务后的访谈也是很重要的一个环节。在用户完成所有测试任务后，趁热打铁，可以邀请用户对测试进行打分和评价。这里的评价包括两部分：

（1）整体评价：

这是用户对于所做任务的宏观评价，也就是用户对于该产品功能的直观感受和满意度。

（2）具体评价：

我们可以采取回顾操作流程的方式进行，分页面、分功能地细致了解用户的操作心理、疑问点等。访谈最好以"一对一"或者"多对一"的形式进行，可以是多个设计师、开发者对一个用户。你可以这样做：

- 访谈时，提问要具体，多提**开放性问题**。
- **多倾听，不评价**，不要急于表达设计思想或未来方案。
- **提前准备好一些问题**，可以更好地引导用户，也可以避免遗漏项目。

以下测试问题供你参考：

- 对于整体评价问题：
  - 给这个任务的整体体验打几分（满分5分）？
  - 你觉得做这个任务顺利吗？不顺利的点是什么？
  - 你认为哪个环节最难完成？
- 对于具体任务的问题：
  - 你在做这一步时，略显迟疑的原因是什么？
  - 页面上的这个功能，你是怎么理解的呢？
  - 你知道下一步该如何操作吗？
  - 你认为这个图标的含义和功能是什么？
  - 你认为这个元素/文案是什么意思？
  - 点击这个按钮后的流程符合你的预期吗？
  - 你认为目前页面的信息清楚吗？
  - 你认为页面中的哪一部分对你来说最为重要/不重要?

基于以上问题的访谈表模板可扫描封底二维码下载。你可以根据自己的产品或业务需求自行确定或增删新的问题。

可用性测试——用户满意度访谈表模板

	项目	内容
整体评价	给这个任务的整体体验打几分？（满分5分）	
	你觉得做这个任务顺利吗？不顺利的点是什么？	
	你认为哪个环节最难完成？	
	其他问题	
具体评价	你在做这一步时，略显迟疑的原因是什么？	
	页面上的这个功能，你是怎么理解的呢？	
	你知道下一步该如何操作吗？	
	你认为这个图标的含义和功能是什么？	
	你认为这个元素/文案是什么意思？	
	点击这个按钮后的流程符合你的预期吗？	
	你认为目前页面的信息清楚吗？	
	你认为页面中的哪一部分对你来说最为重要/不重要？	
	其他问题	

用户满意度访谈表模板

测试结束后，要妥善保存资料以方便之后的分析使用。

阶段三：结果分析

对于测试结果的分析同样重要。用户的反馈不一定就是设计目标。你需要找到用户反馈背后的真正需求。还记得那个很经典的例子吗？用户想要一匹跑得更快的马，但其实能解决他们需求的是新的交通工具。洞察用户的真实诉求，才会帮助你确立正确的设计方向，找到恰当的解决方案。

可以通过以下几步来分析测试的结果。

1.汇总数据

汇总各方面问题，计算和总结所有用户在单个任务中的完成率、平均操作时长、满意度评分均值等指标。

2.分析数据

通过对数据的比对和深入剖析得出结论，对产品或功能做出客观评价。用户提出的问题不一定是他真正的诉求。这就要求我们不仅要听用户的反馈，更要从反馈中挖掘他们的底层诉求，而不是简单从用户的回答里"复制"答案。

3.整理问题

将上述数据和结论整理出具体的、可执行的和落地的任务，分配给对应负责人。这一步你需要注意的是分清主次，排出优先级，解决核心问题。

以上就是常用的可用性测试流程，你可以按照这个流程安排实践，相信实践给你带来的收获会更多。可用性测试和其他的设计方法一样，都是对设计探索和研究过程的辅助，要学会活学活用，而不是被其所限制。

008 用户体验地图应该如何使用？

用户体验地图其实是你在对用户进行访谈和调研后，对收集到的信息的整理和可视化体现。它是一种帮助我们从用户视角做出设计决策的工具，而不是设计工作的约束和限制。

很多做体验设计的同学对于设计方法和工具是有些疑惑的。K同学就是其中之一，她的问题是这样的：

"如果我想要对一款产品做用户洞察，要用什么工具或方法去做分析呢？之前曾听说过用户体验地图，应该怎么用呢？而且对于我现在的团队，通过观察其他人，似乎在实际项目中并没有怎么用到设计工具和方法，就直接输出设计稿了，或者说只是走个形式，感觉又没有太大意义。怎样去使用这些工具才是真正有效的呢？

可以先来讲讲用户体验地图这个设计工具，了解概念后，我们再来看看设计工具和方法，怎样在实践中应用才会更有效果？

用户体验地图（Experience Maps）是一种分析用户行为的设计工具。通过描述用户历程和故事，使设计师、产品经理等项目成员更好地了解用户，洞察用户的诉求。因此用户体验地图有以下特点：

- 一种描述用户行为的可视化工具；
- 可以帮助设计师和产品经理围绕用户体验来做共创思考；
- 从用户视角出发，可以直观地展现用户的痛点、需求和情绪；
- 绘制的形式并不唯一，可以根据项目需求增减项目和内容。

在使用这款工具之前，请一定要先调研和访谈用户使用产品的情况。因为用户体验地图其实是在对用户进行访谈和调研后，对收集到的信息的整理和可视化体现。以下建议可以参考：

- 建议时长：重要项目120～180分钟；日常项目60～120分钟。也可以根据所涉及的项目复杂度来调整时间。
- 参与者：设计师、产品经理通常要全程参与，项目的业务方、研发人员、市场运营可以选择性加入。
- 工具：最常用的是电脑或"白板+便利贴"。

常见的用户体验地图样式

通常在接触到产品需求、做好充分的用户调研之后，设计师就可以开始梳理现有流程、使用用户体验地图来分析用户了，这不论是对于新产品的方向探索，还是对旧产品的体验改造，都会有一定的帮助：

- 对于新产品的方向探索：**梳理用户的需求优先级**，并帮助产品和设计人员区分出用户需求的主次，合理排期和规划产品方向。
- 对于旧产品的体验优化：**发现和分析产品现有问题**，聚焦关键阶段，更好地以用户视角来审视产品体验，根据用户痛点找出解决方案。

用户体验地图共创现场

我们通常会将一份用户体验地图（扫码看全图）的流程分成四部分：定义原则和目标；梳理阶段和流程；洞察用户痛点；寻找机会点。我们下面一一来看。

一、定义原则和目标

定义原则和目标就是你对于使用用户体验地图的目的，以及与项目相关的设计原则。包括项目背景、待解决的问题、用户的目标、项目的目标、限定条件等。你需要对用户群体、整个项目背景和共创任务目标有清晰、全面的认知。

定义原则和目标

二、梳理阶段和流程

首先是对产品功能进行阶段划分，分阶段有助于更好地梳理出功能逻辑。可以先以广度优先，而非深度优先，不要过早地沉浸到细节中。

分好阶段后，我们再在每个阶段中整理出单个任务，并梳理具体的触点，也就是用户使用产品时的每一个操作步骤。不论是线性的操作流程，还是非线性、多线程的操作流程，再或者是循环性的操作流程，都需要一步一步地整理出来。这时就要做到事无巨细，尽可能地捕捉到用户的所有行为细节。

梳理阶段和流程

接下来根据每一个任务和触点，整理出用户的行为、想法、感受、情绪。这些信息都可以通过对用户的观察和访谈获得。这一步要做的是客观地描述事实，不要急着自说自话或猜想，过早代入主观判断。

三、洞察用户痛点

这一步需要我们根据以上信息，分析和总结用户的痛点，透过现象看本质，洞察用户痛点背后的真实诉求。这个过程中可以先让大家在一定时间内写出自己的想法和判断，每一条写在一张卡片上，先不要相互干扰或影响，写好之后再统一整理和总结。

洞察用户痛点

四、寻找机会点

通过上述总结，思考新的机会点和解决方案。在这个阶段需要我们对大家输出的内容进行充分的讨论，把公认观点保留下来，把无用观点删除，减少信息干扰。然后我们需要根据实际情况和项目成本、进度等条件，对新的功能需求做优先级排序。

寻找机会点

在实际的项目设计过程中，因为项目时间非常紧张，绘制这样一个完整的用户体验地图比较耗费时间，所以推荐大家几个提效的技巧，既可以减少时间浪费，也可以提高共创质量。

1.开会前：充分做好用户调研，准备好体验地图模板

可以在用户体验地图的共创活动开始之前，把用户体验地图的模板和用户调研的信息资料发给相关的参会人员，让所有人对相关内容提前有一个整体的梳理和思考，有助于提高大家在会上的产出效率和质量。

用户体验地图的模板可以扫描本书封底二维码下载。

2.开会中：灵活采用多种形式，激发大家思考

如果是对于旧产品的体验优化和改造，可以将设计稿的原型图或线上产品的截图打印出

来，贴在体验地图中的"任务"栏中，这样可以增强大家的代入感，有利于想法的输出。

再比如在"寻找机会点"这个环节中我们可以准备一些问题，来激发大家思考出更多的内容：

- 用户还有其他选择吗？
- 用户怎么做才能更省力？
- 还有其他的切入角度吗？
- 其他用户来到这里会希望得到怎样的反馈？等等。

3.开会后：内容要做好存档，便于随时查阅

整理好电子版的体验地图，上传到项目共享空间，供大家随时查看和参考。

我们也要实时提醒自己，用户体验地图是一种帮助我们从用户视角做出设计决策的工具，而不是设计工作的约束和限制。除了使用用户体验地图，我们日常设计工作中也会用到其他的设计工具和设计方法。这些工具可以在你不知道该怎样开展设计工作时提供思路和方向。关于使用这些工具的建议是：

（1）工具要活学活用。

不要被工具限制了发挥和思考的空间。你可以有选择性地、组合式地、混合式地、借鉴式地使用它们，你的目标是用它们来解决产品设计问题，而不是为了"使用工具"而使用。这些工具，你需要用的时候再用，你想怎么用就怎么用。

（2）工作方法没有绝对的对错，只有是否合适。

每个设计师的基础和素质不一样，对于业务和用户的理解程度也不一样，同时业务需求的紧急程度也不尽相同。设计师的工作方法没有绝对的对错，不要"一刀切"地做方法上的规范。适合你的工作方法，才是属于自己的好方法。

009 用户画像到底有什么用？应该怎么用？

用户画像的核心其实是给用户"贴标签"，目的是能够帮助企业更好地了解用户特征，做更精准的产品定位和营销。

用户画像是很多设计师在设计过程中很喜欢使用的研究工具和方法。不过是否能把这个工具用好，也要看你对于"用户画像"这个概念的理解是否正确。K同学就曾问我一个关于用户画像的典型问题：

"我想知道关于B端用户画像该如何建立？我负责的项目是一款面向某行业供应链人员的产品，听领导和接触过真实用户的商务同事描述，我们的用户主要是35～40岁、受教育程度较低的男性群体。现在产品想要升级视觉风格，领导想让我做用户画像，但是我也没接触过真实的用户，不去做访谈和调研该怎么做这个用户画像呢？"

我们先来看看什么是用户画像。用户画像是根据用户的社会属性、消费习惯、使用行为等方面抽象总结出的标签化的"用户模型"，而"制作用户画像"其实就是将大量的用户数据整理、归类和总结成"标签"，核心其实是给用户"贴标签"。

"用户画像"的英文名称是 User Profile。很多同学会把"用户画像"和"用户角色"两个概念混淆，因为你对后者的英文名称更熟悉，即Persona或User Persona。但二者其实是有本质区别的。

1.用户画像（User Profile）

用户画像是通过对用户特征、业务场景和用户行为等大量的数据和信息的总结，将典型用户"标签化"。

- 目的是能够帮助企业更好地了解用户特征，做更精准的产品定位和营销；
- 用户画像的本质就是构建标签，一个用户画像可以由多个标签构成；
- 不一定需要与用户直接接触，而是可以通过用户在产品上操作过的痕迹和留下的数据信息，借助各种模型算法进行整理和归类，形成用户标签。

2.用户角色（Persona）

用户角色是一类人群的虚构化的典型代表。设计师对用户进行深入了解和调研之后，将典型用户的特征信息整理出来，安放到一个虚构的人物上，形成一份"用户档案"。

- 用户角色是一种设计调研的方法，目的是帮助设计师与用户进行深入联结，对于产品设计思路和设计细节的优化有指导作用；
- 用户角色是根据群体用户的特征信息构建出来的虚拟人物形象；
- 用户角色表现形式通常采用文档或档案，由用户基本特征、喜好与产品相关的属性描述和图片构成。

用户画像（User Profile）和用户角色（Persona）

可见相比于用户角色（Persona），用户画像（User Profile）是建立在更庞大的数据提炼之上的、更为抽象的一种用户描述方式。与用户直接接触，是做用户画像最直接的方式，但却不一定是最高效的方式。实际工作中我们也可能受到各方面因素的影响，没有办法直接与用户面对面沟通。所以我们多会通过使用算法模型对用户在产品中的数据信息进行整理和归类，以此构建用户画像。通常分为以下几步。

1.收集原始数据

通过各种渠道，比如调研问卷、产品数据埋点等方式收集大量的用户操作数据和基础信息。由于数据量庞大，所以对于特定的产品，具体要收集哪些数据更多是由产品自身的需求来定的。

一般我们可以将用户的原始数据分为静态数据和动态数据。

- **静态数据**：是指用户相对稳定的信息数据，如用户的人口属性、社会属性、商业属性等基础信息。这类信息往往可以自成标签。
- **动态数据**：是指用户不断变化的行为信息，包括用户使用产品时产生的行为数据、偏好数据和交易数据等。

2.提炼事实标签

事实标签是指通过对数据的清洗和整理后，对原始数据进行统计和分析得到的初步提炼结果，即根据收集到的数据进行事实性提炼。根据用户的明显特征和既定事实提炼出来的初步事实标签，可以帮助设计师和用户分析员找到合适的算法模型，从而进一步总结出更准确的用户标签。

对于数据清洗和整理也很有必要，用于解决数据空缺、虚假、重复、错误等问题，为了保证后期挖掘的准确性，避免对结果造成影响。

3.构建模型，得到用户画像

通过一系列的逻辑规则和算法模型，将事实标签下的用户进行分组，再对特点进行提炼和概括，概括出来的内容就是最终的标签，也就是用户画像。算法模型需要你去和用户研究、开发团队沟通来做决定。

为了方便理解，再举个生活中筛选杂粮的例子来类比一下：

第一步收集原始数据，就相当于你有一碗杂粮，里面有红豆、黑豆、黄豆、大米、小米等，每粒杂粮都有它的特点（对应产品的各种用户）。

第二步提炼事实标签，就是将这碗杂粮按照基础事实分成几组，每组杂粮的品种、尺寸、颜色就是事实标签（用户的年龄、性别、所在城市等共性事实特征）。

第三步构建模型，得到用户画像，就相当于用不同的漏斗或筛子等工具，将这些不同的杂粮再过一遍筛、分一次组，得到新的一组一组的杂粮。比如第一组杂粮的特点是直径都是 3mm 且都有祛湿的功效；第二组杂粮的特点是都是长条状、长宽比大于1：2 且都喜阴凉（对应用新的条件筛选后不同的用户组的特征，这些特征就是用户画像）。

第一步	第二步	第三步
收集原始数据	**提炼事实标签**	**构建模型得到用户画像**
碗中混合了各种类型的杂粮	杂粮的品种就是事实标签	① 组：直径 3mm 且有祛湿功效 ② 组：长条状，长宽比为 2：1 ③ 组：椭圆状，膳食纤维含量 >20%

生活中筛选杂粮的例子

确定了用户画像，你的产品方向和设计策略都会更有针对性。过程中有几条原则，你也要注意：

（1）**数据要真实**：用户画像需要构建在真实的用户数据之上，重复的、虚假的数据在构建用户模型之前就需要去除，非真实用户和真实用户的数据也要根据情况加以区分。

（2）**标签语义明确**：标签的语义内容传达明确，简短精练且具体。

（3）**低交叉率和重复率**：用户画像中的每一个标签尽可能完整、独立，含义相同的标签要归类、合并。

（4）**排列优先级**：标签也要有主次，最终用于业务的标签不要太多，专注主要用户群。

以后你的老板再给你布置用户画像的任务时，相信你会找到更恰当的方式来完成任务。

010 设计过程中的定量分析和定性分析是什么？

定性分析是对研究对象进行"质"的层面的分析。定量分析是对研究对象进行"数"的层面的分析。定性分析和定量分析在应用时相互补充，相辅相成。

经常有同学说分不清哪些分析方法是定性的，哪些是定量的。还有的同学想知道这两者在用起来时有哪些区别和注意事项。

其实两者的区别就在于侧重点的不同。

1.定性分析

设计过程中的定性分析是一系列设计工具和方法的总称，如用户访谈、焦点小组、用户体验地图等大多属于定性分析。侧重于对研究对象进行"质"的层面的分析，包括对象的属性、特征、感受等。简单来说，就是看到了某些现象或听到了某些信息，经过总结后得出了结论。

相对于定量分析，定性分析更偏感性，更为直接。通常我们会使用文字性的说明语言对结论进行相关的描述。

2.定量分析

设计过程中的定量分析同样是一系列设计研究方法的总称，如大规模的用户问卷、埋点数据收集等。侧重于对研究对象进行"数"的层面的分析，包括数量大小、数量关系、数据变化等。简单来说，就是得到了或多或少的可信的数据，经过分析后得出了结论。

相对于定性分析，定量分析更偏理性、更为科学。通常我们会使用带有数字的数学语言对结论进行描述。

举个接地气的例子你可能会更容易理解，我们来分析评估一道菜的甜度口感：

使用定性分析做描述，你的食客可能会说：

- 这道菜挺好吃，甜度很高，我最近压力大就喜欢吃甜的。
- 这道菜不好吃，太甜了，我还是习惯吃咸辣口味的，也怕得糖尿病。

使用定量分析做描述，你可能会得到如下的答案（以下数据为虚构，仅用于解释本概念）：

- 这道菜中的糖总共加了3勺，一共是45克，对于400克的主食来说，占比大于 10%，高于日常生活中的健康标准 5%。
- 本次一共调研了500个用户，其中450人（90% 的用户）认为这道菜太甜了。

通过定性分析你可能会得到用户喜欢或不喜欢这道菜的原因；通过定量分析，你可能会找到是否要改进这道菜的依据。而两者都可以帮助你找出优化和改进这道菜的方法。

了解了以上概念，我们再来看看这两者要如何使用。

通常情况下，定性分析和定量分析是可以相互补充的，在分析的过程中可以同时使用两种方法，分析过程会更完整，结果也会更有说服力。

至于两者在工作中究竟该如何选择，主要看你想要分析的问题和想要得到的结论是什么。定性分析和定量分析都是获取结论的手段和方法，其应用要依赖问题和结论，两者没有高低或好坏之分，而在于适合与不适合。

定性分析注意事项：

对于设计师来说，做定性分析时，最重要的是找到最有代表性的关键样本，而样本数量是其次的。在做定性分析前，设计师需要对目标样本的核心属性进行分类和判断，以确保结论的可用性。

定性分析通常采用的是点对点的用户访谈形式。所得到的内容多为用户反馈的主观感受，信息较为多样，不太容易被预测。这就需要设计师花费更多的时间对所获得的信息进行深入研究和洞察，才能得出可靠的结论。为什么当用户对你抱怨他的马太慢时，一辆机动车会比一匹快马更合其意？因为用户真正的需求不是提高马的速度，而是减少他自己在路上所耗的时间。

小型的定性访谈的样本量通常是5～8人。如果研究的问题比较简单，也鼓励多一些样本量。

定量分析注意事项：

做定量分析时，最重要的是找到足够的有效样本。通常情况下，有效样本的数量越多，结果的准确度也会越高。

定量分析同样对设计师的能力有考验，需要控制样本的有效性。忽视任何一个变量或没有对样本做出有效分类，都有可能导致数据的不严谨和不准确。

在使用定量分析的方法时，如果你的资源和成本都很充足，样本量多多益善。不过少数的样本量也并非得不出可靠的结论。如果你在结论中使用百分比来做描述，可能不会做到非常精确，但分析对象的数量关系是相对准确的，也会具备一定的参考价值。

011 做用户调研问卷，有哪些接地气的实用经验？

分享给你7个做用户调研问卷的小经验。

用户调研问卷是体验设计师工作中常用的设计工具。我就经常被问到一个问题："关于用户调研问卷的设计，有没有什么需要注意的细节或经验分享？"大家都想要一些接地气的"小贴士"以便于提升自己的用户问卷质量，更好地服务于后续的设计工作。接下来我就分享一些接地气的实操经验，相信会让你的用户问卷更有效。

1.问题围绕你的调研目标

好的调研问卷如同好文章，是有"中心思想"的。这个"中心思想"也就是你的"调研目标"。调研目标决定了调研问题的内容和数量。

你可以先把想要获取的数据和信息整理出来，并分出主次。目标内容不宜太多，通常1~3点就够了。接下来你可以根据目标来设置问题，问题始终围绕着调研目标，不偏题，也不增加累赘内容。

2.问题排列有逻辑，由浅到深

问题的排列可以按照一定的逻辑来设置，循序渐进，对于被调研用户来说更易阅读和理解，思路会更连贯，也不会太累。比如你可以尝试使用以下一种或几种排列方式：

* 按照问题复杂度来排列，由简到难；
* 按照问卷的填写方式来排列，先单选、后多选、再填写；
* 按照产品功能或操作流程来排列，从第一步到最后一步。

3.隐私信息，非必要，不收集

很多问卷开篇的经典问题就是年龄、性别、从事行业等。不过，这类信息要根据产品特征和调研目标来判断是否有必要收集，减少对被调研用户隐私的打探。

至于将这类问题放在问卷的开端还是结尾，也可以权衡一下利弊：

（1）放在问卷开端：这类问题对于用户来说是最容易回答的问题，可以有效帮助用户进入问答状态。适用于问题比较复杂的问卷。

（2）放在问卷结尾：这类问题与用户隐私相关，放在最后一定程度上会减少用户的安全顾虑。适用于问题比较简单的问卷。

4.问卷用语要保持中立和客观

问卷的语句尽量减少诱导性用词，尤其是避免使用表示观点的形容词。保持中立和客观，避免用你的观点来左右或影响用户的观点。举几个简单的例子：

（1）"您认为这个功能是否很难用？"就不是个好问题，可以使用"如果您对这个功能评分（10~100分），您会打多少分？"来代替。

（2）"您认为我们的产品与××产品相比，优势有哪些？"也不是个好问题，可以将"优势有哪些"改为"有哪些不同"。

5.化繁为简

在各个方面都要化繁为简，包括：

（1）**问题要少**：问题太多被调研者会失去耐心，做出的答案也不会有效。

（2）**语言要精**：尽量精简用词，减少用副词、形容词做不必要的描述。

（3）**形式要轻**：易于传播、方便操作。最好是在用户吃饭、通勤时用手机即可解决。

（4）**用时要短**：减少输入和操作的时间，尽量用选择代替输入填写，不要让被调研用户填写太多字。

6.发问卷前先做预测试

当局者迷，旁观者清。长时间地投入在问卷的编写中，你对语言的敏感度会变得不稳定。问卷写好后可以先找同事或朋友做预测试，可以重点检查以下内容：

（1）**问题的含义和要求**：有时你认为自己解释得很清楚的问题，对于他人来说可能并不好理解。

（2）**语句的通顺性**：语言是否流畅通顺，语法是否存在问题。

（3）**标点和错别字**：使用的标点符号和错别字都需要检查和校验。

7. 筛选有效的用户

有条件的话可以对用户进行有针对性的筛选，可以根据问卷的主题、问题的类型和你想要达成的目标来进行用户选择，这样做可以减少后期对于干扰数据的清理难度。

希望以上建议可以帮助你做出更有效的用户问卷。

012 获取用户数据，有哪些低成本的方法？

可以从三个方向思考收集数据的方法：在产品中增加反馈渠道；依靠产品内的数据监测；模拟用户的操作行为。

我们在前几个问题中一起聊了一些交互体验设计中常会用到的设计工具和方法。这些方法可以帮助你收集和分析用户的数据和信息，进行设计决策和方案产出。

不过在实际的工作中，相信你一定还是会有些担心和疑惑，因为即使知道了这些方法，也很少会有项目和产品真正给你充足的时间和成本，允许你完成用户数据的收集工作。我也经常会被问到这样的问题：

- 在复杂的 B 端产品中，由于企业级用户的特殊性，很难获取产品落地后的用户数据，很少有精力去做回访，难以完成设计验证，该怎么办？
- 可用性测试、用户访谈等测试工具成本过高，开展实施比较困难该怎么办？
- 刚刚完成上线的新产品，想要快速迭代，如何更快更准地收集用户数据和反馈？

我结合工作经验总结了些低成本的用户数据和反馈收集的方法，希望可以帮助你解决以上问题。

方法一：在产品中增加反馈渠道

用户在操作过程中产生的疑惑和问题，在经过处理和提炼后就会变成很有效和宝贵的数据。因此在已上线的产品中增加"用户反馈"功能，收集用户的问题和反馈很有必要。你可以尝试以下方法：

1.产品主动引导用户进行反馈

在用户刚进入产品页面或完成某些关键性任务后，使用悬浮按钮的方式，引导用户反馈问题和感受。这种主动式引导不宜太频繁，形式要简单，并且要结合场景。

针对这种"用户反馈"功能，通常不需要产品自行设计和研发，可以直接接入市场上已有的、成熟的第三方工具和服务，在产品页面的右下角设置悬浮式的反馈入口。这些第三方工具不仅可以为你收集用户的问题，还有相对完善的管理功能，帮助你做问题归类和分析。

"用户反馈"收集产品hotjar，通常会在页面的右下方做反馈入口

不过如果你想确保产品及用户数据信息的安全和隐私，并且有相当充足的产品和开发资源，还是推荐研发自家的用户反馈系统。

支付宝 App在用户使用手机截屏该页面之后才会弹出悬浮按钮。因为产品根据用户截屏的行为，推测用户在操作的过程中可能需要寻求帮助，这时的反馈往往是真实的有效数据，用户的填写意愿也会更强。

默认状态下的产品页面：   **使用手机截屏后的产品页面：**

支付宝App在截屏后显示用户反馈入口

在引导用户完成反馈的过程，支付宝也考虑得很充分：先引导用户选择问题类型，再引导用户进行填写。这样不仅可以减少用户的填写负担，也可以帮助支付宝做好问题整理和分类。

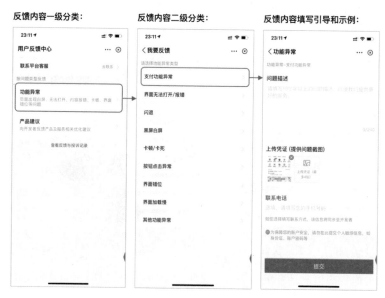

支付宝App引导用户完成反馈的过程

2.轻量级问卷投放

在产品中使用弹窗、链接等方式，向用户投放问卷。你可以有目的性地选择合适的用户进行问卷投放。

由于是在产品内设置的轻量级问卷，所以要注意：

- 明确调研目的，针对某个关键性的问题进行设置；
- 问卷篇幅要短，简洁精练，一次3～5个重点问题即可；
- 进行分类投放，对不同的用户群进行区别和分类调研，避免混淆数据；
- 填写形式简便，减少被调研用户的输入时长，尽量用选择代替输入；
- 尽量结合场景，同用户反馈的引导一样，问卷也需要尽量结合产品的应用场景，调动用户的填写意愿，避免用户路径的打断。

3.利用社群触达用户

在产品中增加社群二维码，用户可以通过扫码进群交流，也可以利用社群定期推广一些活动，或是给用户一些反馈奖励，保持与用户的近距离沟通。

方法二：产品内的数据监测

在产品内部增加"埋点"做用户行为和数据的监测功能。埋点是对用户行为过程及结果的记录，即用户在什么时间做了什么样的事情。用户的所处位置、场景甚至是可能的心理预判，都可以被埋点记录下来，为产品交互提升和改进提供依据。

很多大厂都有自己的数据监测平台，现在也有不少第三方数据监测平台和机构，可以提供数据埋点及用户行为的监测服务。如果成本有限，设计师也可以求助开发利用一些代码和插件，在产品页面中的关键节点设置埋点。

方法三：模拟用户的操作行为

设计师可以通过对用户行为的模拟，为自己设定一个需要完成的任务，测试产品的实际用法。不仅是设计师本人，其他的同事也同样可以被邀请来做模拟测试。你也可以根据产品功能的不同类别，有针对性地选择与用户类型相似的人进行模拟测试。

使用这种方法收集用户行为数据，需要设计师有一定的共情能力，即使对产品已经有深入的了解，也要尝试猜想和假设用户初次使用的心理和可能会遇到的问题，模拟出用户所处的真实情景。

工业设计中经常会用到的共情设计方法，有时会借助一些模型和工具来模拟用户的感受和场景。下图为设计师模拟老年人手部关节退化，不能正常弯曲后的生活状态，以更好地为老年人做产品设计。

设计师模拟老年人手部关节退化，不能正常弯曲后的生活状态

收集用户数据的方式介绍完了，我再分享一些应用数据的建议。我遇到过不少同学对于用户数据存在一定的认知误区，认为只有学过数据相关的专业课程，才能搞懂并用好数据。

对于数据的分析和使用的确需要一些专业知识和方法，不过作为设计师，我们要掌握的并不是单纯与数据概念相关的知识，更是一种应用和分析数据的经验。所以要先放下对于"数据"这两个字的执念，把它当成一种用户信息或产品信息的表现形式。学习数据实际上是在学习如何收集和应用这些信息，这样学起来就不会太难，也不会陷入专业误区。

相较于学习数据专业知识和概念，更需要对一切有助于设计决策的信息建立起敏感度，并对于如何分析和应用这些信息持续积累经验。

收集用户数据不是目的，只是解决产品问题的手段。因此收集数据的方法由设计对象及要解决的问题决定。用户数据最重要的意义不仅在于证明设计价值，也在于指导产品下一步的优化方向。

013 用户体验如何影响交互细节与设计决策？

用户体验是产品功能和细节差异的主要影响因素，它会影响产品功能的呈现样式、定义和布局。

我在知识星球中回答过大家各种各样的问题，其中有一类问题是我尤其喜欢做解答的，这类问题就是同学们在工作中发现不同产品之间细节设计有差异，向我询问这些差异存在的原因。

我在回答过十几个这种类型的问题之后，也得出了一个很有趣的结论：在产品细节的差异背后，用户体验都是主要的影响因素。不同用户的体验需求使得这些差异"存在即合理"。

我挑出了几个典型问题，来呈现用户体验是如何影响交互细节与设计决策的。

1. 用户体验影响功能的呈现样式

来看看一位同学向我提的问题：

"今天我在使用两款网页邮箱时，发现两款邮箱在导航交互方面有差异：网易163邮箱每新开一封邮件，页面上方会增加一个Tab（标签页），支持手动切换浏览；而QQ邮箱则是展开一个新层级，只展示当前邮件内容页面，单击按钮返回即关闭。为什么邮箱的导航会有所不同呢？该怎么评价这两个导航交互设计呢？"

网易163邮箱和QQ邮箱的导航功能

相信不少使用过这两款邮箱的朋友都会觉得QQ邮箱体验要好一些，因为网易163邮箱标签页浏览一次后，基本不会再看，但开了多个Tab页面，还需要手动一个个地关闭，很容易出现标签页堆积的情况。

我曾经也有同感。但有一次在写邮件时，同时又收到了其他的新邮件，这才发现去查看新邮件之后，可以通过 Tab 直接回到邮件编辑页面继续写邮件，没有任何多余的操作，是多么方便！

在我看来，这两种方式其实是基于不同的用户使用情景设计的：

- 网易163邮箱侧重于工作的多线程，所以会呈现用户的阅读行为路径。邮件内容页会采用Tab标签式，目的是便于用户查看自己的工作和阅读轨迹。
- 而腾讯QQ邮箱侧重于呈现邮件内容，以用户阅读信息为主，不保留阅读痕迹，清晰简洁，不给用户增加额外的负担。

不同的用户体验需求，影响着产品功能呈现出不同的样式。

2.用户体验影响功能的定义

来看看M同学向我提的问题：

"为什么在大多数 B 端产品的Table（表格）设计中，'编辑'和'删除'功能是并列的？正常语言逻辑应该是'编辑'包含'删除'功能呀。为什么不把'删除'放到'编辑'功能中呢？"

性别	邮箱	操作	
female	zhr.khmrw@example.com	编辑	删除
female	bertine.leidland@example.com	编辑	删除
female	kaitlin.lucas@example.com	编辑	删除

Table（表格）中"编辑"和"删除"功能是并列的

相信你看到这个问题，可能也会有一样的疑惑。其实相比于语言含义，这个情景下的用户操作的行为路径和操作频率相对来说更为重要。

我们先来看看用户的行为路径：

（1）通常来说用户想要"删除"表格中的某个内容，是不会在编辑内容之后再删除的，"删除"相对来说是一种干脆直接的行为，因此没有必要先单击编辑再进行删除。

（2）而用户想要"编辑"某个内容，通常也不会在编辑完内容之后就想要删除。一般来说编辑完内容，"重置""保存""取消"等功能更为常用。这个时候增加"删除"功能，反而可能会误导用户。

所以"编辑"和"删除"两者在字面含义上似乎有关系，但在交互行为上并不具备连贯的逻辑。如要追求用户体验，分开并列排布会更友好。

另一个需要考虑的要素是用户对于功能的使用频率。如果删除是很常用的功能，放在外面也会大大减少用户的操作时长，包括单击、浏览和页面加载等时长。

所以交互设计不是简单的语文题，对字面上的逻辑，所有人都想得到，但将这些文字**语义和逻辑与用户交互行为结合起来，就是设计师的价值所在。**

3.用户体验影响功能的布局

再来看看K同学向我提的问题：

"我们最近在做白板工具，我发现例如Miro、Photoshop、InVision（都是产品和设计办公软件）等产品在布局结构上，主要的工具和操作栏都在左侧，而Figma（交互设计常用软件）的工具栏却在底部。Figma 这么做的好处是什么呢？"

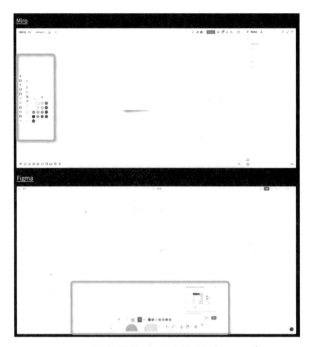

两款软件的工具和操作栏对比

对于这个问题，我认为Figma可能有如下理由：

（1）对于物理世界的用户行为映射。

白板工具如果对应到真实世界中，基本上是在仿照一种使用画板绘画的情景。你可以想象你趴在桌子上画一幅画的时候，颜料、铅笔等工具经常会放在画纸上端和左右两端。但如果是用画架来画油画，调色盘则常放在画的下端。

用画架来画油画，调色盘则常放在画的下端

因此工具布局在上、下、左、右任何一边，就我个人来说都是可以接受的。

（2）对于用户操作路径的考虑。

由于屏幕的长度比高度尺寸大，所以底边能承载更多的工具，工具的图标按钮也可以更大、更清晰，用户使用鼠标选中的概率、鼠标移动的长度等有可能都是最优值，这样对于用户的工作效率会有很好的提升。

（3）其他产品的趋同性布局借鉴。

从某种程度上来说，苹果电脑的桌面也可以看作一个画布，对于文件夹和主控菜单等工具的排列方式，很多用户习惯接受默认的吸底效果。类似的操作习惯，会让用户对于吸底的工具在使用时有一定的心理预期，从界面底部找工具的行为更加熟练。

很多用户习惯接受操作按钮默认的吸底效果

所以在分析组件、元素或某些功能的合理性时，我们可以：

（1）先不考虑表层样式，而考虑其背后所对应的用户群体的操作情景和行为。

（2）切换立场，不要总用"我觉得……"，而要多思考"该产品的用户觉得……"。

希望这几个与用户体验相关的小问题可以给你带来启发。

014 产品如何提升用户使用的"自助率"？

用户使用的"自助率"，即用户自己顺利完成操作任务的概率。我们可以从用户操作路径的维度入手，分为五个阶段进行设计优化：确定目标、了解任务、开始行动、完成操作、得到反馈。

很多同学都向我询问过与产品的"用户引导"相关的话题，比如：

• 新产品刚上线，用户的反馈是"不知道功能怎么找"，说产品不好用，怎么办？

- 后台的客服经常会收到一些用户操作的问题，总需要人工手把手地教用户操作，对此情况，设计在产品上能做些什么呢？
- 除了增加用户提问的"帮助"窗口，还有什么设计方法可以帮助用户无障碍或少障碍地使用产品呢？

的确，对于一些功能复杂的产品来说，一个很重要的课题就是做好对用户的操作引导和帮助。产品需要提升的是用户使用的"自助率"，也就是用户自己顺利完成操作任务的概率。不同于"完成率"，"自助率"这个概念强调的是用户"自己完成"任务，两者的区别是：

- 自助率＝用户自己做任务并完成的人数/成功完成任务的人数×100%。
- 完成率＝成功完成任务的人数/做任务的总人数×100%

可见产品的用户"自助率"是比"完成率"更难提升的体验指标。提升用户的"自助率"有很多的切入点和方法。我这里选择"用户的操作路径"作为切入点，为你讲解自助率的提升方式。

由于"自助率"的提升不是单点式的，而是贯穿用户的整个操作路径，所以研究"自助率"的提升时，我们可以从用户操作路径的维度入手，分为五个阶段，针对不同阶段用户可能会遇到的不同问题，制定不同的设计目标，采用不同的设计策略和引导方法。这五个阶段分别是：确定目标、了解任务、开始行动、完成操作、得到反馈。

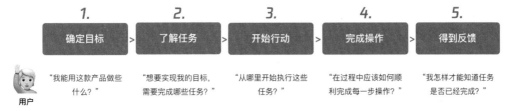

用户操作路径的5个阶段：确定目标、了解任务、开始行动、完成操作、得到反馈

接下来我会分别介绍每一个阶段中设计师的设计目标、设计策略、常用的设计手法和设计案例。这里我列举的设计手法和案例并不唯一，也不是绝对的设计标准，你可以根据在业务中面对的具体问题来选择和借鉴。

阶段一：确定目标

当用户刚进入新产品没有确定的目标时，设计师需要帮助用户快速建立起对于产品的认知，并引导其找到自己想要实现的目标。

- 设计目标：帮助用户快速认知产品和明确目标。

- 设计策略：介绍产品，明确地传达给用户产品的主要功能、价值、特点等信息。
- 设计手法：以下为部分设计方法举例。
  - 用户角色分类：让用户在刚开始登录产品时就选择好自己的角色，从产品角色的角度帮助用户建立对于产品功能的认知。
  - 关键功能引导：帮助用户快速认清核心功能的作用和位置所在。比如下图中的一些产品会采用"聚光灯"或弹窗式的引导，帮助用户先定位产品的主要功能。

一些产品通过"聚光灯"或弹窗式的引导，帮助用户了解核心功能

  - 产品全局介绍：通过视、听等形式的设计手段对产品进行整体介绍。比如通过录制简易的、符合产品风格的视频，帮助用户了解产品，建立对产品的第一印象；或者通过"所见即所得"的呈现方式，将主要功能完全地、直接地展示给用户，比如 FigJam（一款设计协同工具）中的主要功能就在用户首次打开产品时完整地向用户呈现出了全貌。

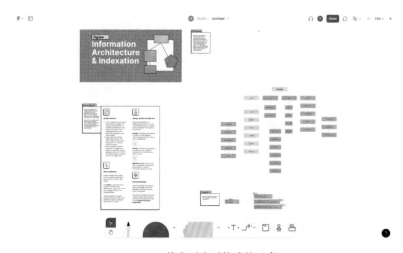

FigJam首次开启时的功能示意

阶段二: 了解任务

产品需要让用户知道: 具体需要做哪些任务, 才能实现预期目标。

- 设计目标: 帮助用户快速了解任务。
- 设计策略: 介绍任务, 明确地传达任务内容、完成方式、难易程度等信息。
- 设计手法:
  - 如有多个任务, 提供任务内容介绍和进度, 让用户初步建立预期。

产品通过提供多个任务内容的介绍和进度, 帮助用户建立预期

  - 针对单个任务, 提供操作流程介绍, 对单个任务的流程做概括总述, 也可以帮助用户建立对任务的了解。

产品对单个任务的流程做概括总述, 帮助用户建立对任务的了解

  - 提供功能试用体验: 让用户先进行局部的功能试操作, 通过一个任务中某个环节来体验产品的核心能力。

用户通过一个任务中某个环节体验产品的核心能力

阶段三：开始行动

当用户了解任务全局后，就需要知道如何开始操作。

- 设计目标：让用户知晓每个任务的行动点。
- 设计策略：介绍行动点，让行动点更加突出可见。
- 设计手法：
    - 突出的视觉呈现：包括使用标签、颜色、动效等形式提示用户起始操作点的位置。比如FigJam会通过一个看上去像按钮的"Get Started（开始使用）"提示，告诉用户开始阅读和使用会议纪要模板的起点。

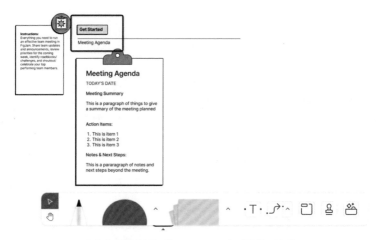

看上去像按钮的"Get Started（开始使用）"

- 文案内容引导：通过小的横条海报、产品文案等内容的描述，明确地告诉用户应该在哪里开始操作。

阶段四：完成操作

任务开始后，产品需要让用户知道在操作过程中，具体如何完成每一步操作。

- 设计目标：让用户知道如何完成每一步操作。
- 设计策略：介绍操作方法，让用户对每一步行动都有确定性。
- 设计手法：
  - 有序的视觉引导：使用聚光灯、气泡引导等形式，提示用户操作过程中的注意事项和细节，比如 Adobe Photoshop（Adobe公司旗下的一款设计工具）对于新手的引导就很贴心，大有"指哪打哪"的意味。

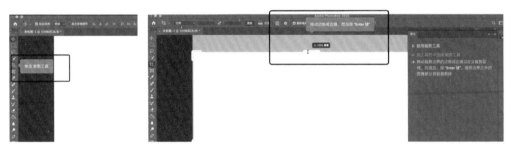

Adobe Photoshop对于新手的引导

  - 详细的解释说明：对于看上去不确定的、有可能带来歧义的、难以理解的、专业的词汇等内容，进行文案上的解释说明，减少用户的不确定性。比如"语雀文档"就会在图标下增加文案提示和链接，新上线的功能也会以文案的形式解释说明。

"语雀文档"对于新功能的解释说明

■ 防错提示：对用户的操作进行实时反馈，提供校验后的结果展示、错误原因、修改方式等内容。

阶段五：得到反馈

当用户完成操作后，产品需要让用户明确任务是否还需后续反馈和补充操作。

- 设计目标：让用户知晓结果和任务运转情况。
- 设计策略：介绍结果，让用户有预期和掌控感。
- 设计手法：
  ■ 对行为进行反馈：对于用户的每一步操作都给予交互一定的反馈。
  ■ 对进度进行反馈：让用户对于任务进度有预期，用进度条对操作完成度做可视化的呈现。

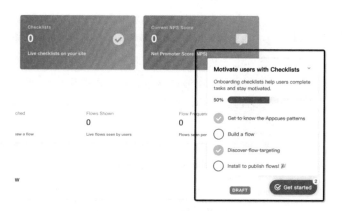

用进度条对操作完成度做可视化的呈现

  ■ 对异常进行反馈：如果有异常情况也需要通过用户能够感知到的形式，及时通知用户，让用户可以掌控任务的发展方向。
  ■ 对结果进行反馈：在任务完成时要告知用户结果产出的时间，以及在哪里可以看到结果。有相关结果立即更新同步给用户。

这里我所列举的设计手法及案例来源于日常的工作经验积累，并不唯一，在实际工作中应用时，也要注意结合产品的特性和本质需求。

你可以扫描本书封底二维码下载附赠资源，查看完整的"产品对于用户的自助引导"文件内容。

015 老用户迁移新平台，有哪些好的设计经验？

对于设计师来说，能够做的就是利用设计思维和方法，尽可能地在用户迁移的过程中，降低用户的学习成本，缓解迁移带来的使用困难。

L同学和我说她最近遇到了一个难办的课题：

"我们的产品要更新迭代，已经到了必须下线旧平台的时候了。但是产品认为新平台对于用户的操作习惯改变太大，担心用户会产生负面情绪。我们除了更改产品的视觉外观，在信息架构上也做了比较大的调整。我们为此提供了新手指引、菜单搜索等功能。这种情况下，设计师应该如何思考下一步的工作，帮助用户做好迁移呢？

产品更新换代使老用户迁移到新平台，是很多同学都会遇到的问题。

对于产品来说，如果产品希望做得更好，就一定会做更新迭代，也就意味着用户需要重新学习和认知产品，这是无法避免的。

对于用户来说，如果新平台可以更好地满足用户需求，带来更优的体验，那没有用户会真的拒绝对自己有利的升级或更新。

对于设计师来说，能够做的就是利用设计思维和方法，尽可能地在用户迁移的过程中，降低用户的学习成本，减少用户的适应难度。有一些经验分享给大家。

1.提前预告，为用户建立心理预期

在新产品上线之前，提前一段时间在旧平台上做充分预热和宣传。晓之以理、动之以情地说明与产品迁移或更新相关的信息，包括：

* 迁移原因和意义；
* 迁移后的操作建议；
* 迁移时间及倒计时预告；
* 用户对此的反馈方式等。

先让用户明白产品的出发点是"一切为了用户"，让大家在情感上产生共鸣和支持，同时也可以提醒用户将必要的账户信息做好管理，以备迁移所用。

2.小范围邀请用户进行新平台测试

如果新产品相较于旧产品改版较大，可以邀请有代表性的老用户在产品正式上线前做可行性测试。可以设计了几个小任务请用户操作完成，记录用户对于任务的完成情况和情绪反馈，再根据测试结果对产品做调整和修补。

我在"007 可用性测试应该如何开展？"中详细介绍过可用性测试的方法，可以作为参考。

3.新、旧产品配合做好用户引导

对于旧产品来说，在新产品将要上线前，可以对变化较大的功能点给出预告及提示。比如在某一个关键功能处增加"此功能将会在×××日更新，将满足您的××××需求，敬请期待"之类的引导用语，慢慢地缓解用户对于新平台的陌生感。

对于新产品来说，重点在于新框架的引导和新功能的介绍。我们在"014 产品如何提升用户使用的'自助率'？"中将用户引导工作分为五个阶段，对用户采用不同的设计策略和引导方法。这些方法不仅适用于新用户接触产品时的使用场景，也同样适用于老用户迁移至新产品。

如果新产品改版较大，有条件的话可以为旧产品设定一段时间的缓冲期，支持用户通过某些方式返回旧产品。之后再逐步针对用户常用的功能，进行点对点的引导。比如在某些常用功能处增加"使用此功能的用户请移步这里（新平台链接），新平台功能更完善"之类的引导用语。

4.使用优惠或福利做用户激励

任何对用户的被动引导都不如用户自己做的主动探索。在新产品上线后可以给新老用户一些优惠或福利激励，激发用户主动探索和使用新产品的意愿。还可以激励用户对于新产品做出反馈，帮助产品适时做出调整。

以上四个方法，相信会对你做用户迁移和引导有帮助。

016 B端和C端产品的交互设计有什么共性和区别？

一部分交互设计的思路和方法是通用的，但B端和C端的业务和产品属性决定了其设计工作的一些区别。

有很多做 B端（Business，指企业用户端）交互设计的同学都曾问过我一个问题：B 端和 C 端（Consumer，指消费者、个人用户端）产品的设计区别和共性是什么？刚好我在这两个领域中都曾做过相关的工作，就结合经验谈谈我对这个话题的理解。

先来看看B端和C端产品在设计工作时的共性。

1.根本出发点一致

不管是B端还是C端，究其根本都是为用户做设计产品和服务。所以设计思考和工作都要以用户体验和行为作为根本出发点，以实现业务目标作为设计价值的根本体现。

2.部分工作流程一致

B端和C 端的体验设计师在工作中都要经历以下关键的工作流程：

- 接收产品和业务给出的需求；
- 设计前的调研和用户需求分析；
- 设计与上下游团队之间的配合；
- 设计方案的实现成本考量和研发排期；
- 产研工作的降本提效，整理设计资产；
- 积累通用解法和经验，等等。

3.基础设计法则一致

通用的交互设计法则、产品设计原则、设计规范和标准等，在B端、C端的设计中都适用，都可以作为衡量设计产出质量的标准和评估方式，也都会对设计思路和设计工作起到一定的指导作用。

再来看看B端和C端产品在交互体验设计上的区别。我们先说B端、C端产品本身的区别，包括以下五个方面。

1.产品目标

B端重效率，C端重体验。

B端产品：**稳定专业，效率至上**。侧重于优化企业用户的协同方式，提升工作效率，降低成本。

C端产品：**激发需求，体验至上**。侧重于发掘用户更多的需求，创造更新的使用体验。

2.目标用户

B端重专业，C端重个性。

B端产品：针对某个集体做设计，目标用户以企业员工和专家用户群体为主。面对这类用户，产品需要体现更多的**可信性和专业性**。有时为了保持业务特征和功能，可能会牺牲产品的部分使用体验。

C端产品：针对每个个体做设计，强调用户的个性化喜好，千人千面。产品需要考虑的因素更多更杂，具体到区域、性别、年龄、职业、收入、消费偏好等，尽可能保障每一位用户的使用体验。

3.主要功能

B端重工作，C端重生活。

B端产品：功能场景通常集中在**办公领域**，为用户解决日常工作问题。

C端产品：功能场景侧重于生活中的**衣食住行**，对用户的生活需求进行挖掘。

4.使用时长

B端重长时间，C端重短时间。

B端产品：用户主要在办公时间段使用，且需要长时间、可专注地持续使用。

C端产品：用户可以在任意时间段使用，且大多是短时间、碎片化、休闲性地使用。

5.设备载体

B端重桌面端，C端重移动端。

B端产品：大部分载体以电脑桌面或固定设备的屏幕为主。

C端产品：在固定设备和移动设备上都有，但更多集中在移动端。

那么面对上述这些B端、C端产品在交互体验上的区别，设计时的侧重点又有哪些区别呢？

我在"005 面对新的设计领域，如何开始系统性学习？"中给大家介绍过"道、法、术、器"的学习方法，同样适用于对B端、C端侧重点的分析。

1.道：基本价值观，也就是指导思想

先要建立B端和C端交互设计的底层观念和指导思想。这会帮助你建立起设计评判标准，成为你判断设计好坏的重要依据：

B端设计：**降低成本，重视效率，为群体用户设计**。

C端设计：**激发需求，重视体验，为个体用户设计**。

2.法：基本原则，也就是设计原则和规范体系

这些原则来源于行业中前人的思考和总结，可以帮助你在设计工作中规避风险，少走弯路。很多基本的设计原则在B端、C端是通用的，但也有不同侧重点。

B端设计：更常使用桌面端产品的设计原则和规范。关注的是用户群体特征，因此设计需要以少胜多，**更具通用性和包容性**。

C端设计：更常使用移动端产品的设计原则和规范。追求用户个性体验，千人千面，因此设计更具**差异化和个性化**。

3.术：流程方法，也就是解决问题的流程、策略和方法

我们上文提到过，在这个层面B端、C端设计师也有很多经验是可以迁移和通用的，但两者也有不同侧重点。

B端设计：设计师需要对业务流程和产品功能有充分的理解。设计工作稳中求进，定期收集重点用户声音、回访用户。

C端设计：设计师通过用户画像、实地调研等方法对用户及其行为进行详细分析。设计**迭代速度快**，对于大量的用户数据更为依赖。

4.器：技能工具，也就是设计辅助技能和工具

最终做出设计稿就要应用这些技能和工具。在这个层面B端、C端几乎完全通用，侧重点不同在于：

B端设计：更需要高效的设计协同工具和技能，如设计系统和组件库等。

C端设计：更强调设计张力，需要表现力更强的工具，如动效设计、模型渲染软件等。

相信你已经对B端、C端交互设计师工作的不同之处有所了解了。如果你有在B端、C端设计转型的需求，也请不要抛弃原有的好的工作习惯，在不同的领域依旧可以相互借鉴，取长补短。

017 什么是页面框架层级？该怎么使用？

页面框架层级决定着产品的交互逻辑和操作顺序。除了背景层、内容层、全局控制层、临时层四大层级，你更需要去注意其中暗含的交互逻辑和顺序。

有位同学最近向我诉苦："我的老板在看完我的设计之后，问我能不能讲一讲页面的框架层级是怎么划分的，这可把我给问住了！请问页面框架层级是什么呀？又有什么用？该怎么用呢？"

相信很多同学也都有类似的疑问。我们先来看看页面框架层级具体包含哪些概念。

其实每一个页面并不是我们看到的扁平的状态，页面依据用户的交互行为、产品的功能特点等方面进行框架层级的划分，以保证用户操作的顺畅性和确定性。

页面框架层级的划分目前并没有严格的规范，以阿里巴巴的 Fusion Design （阿里孵化的一种设计系统生产平台）的规范为例，可以将页面分为以下四个层级：背景层、内容层、全局控制层、临时层。

1. 背景层

背景层永远置于页面的最底部，层的颜色为中立背景色，方便凸显其他内容层。

2. 内容层

内容层是最核心和复杂的一层，用户大多数操作都集中在这一层。内容层上通常会使用一些卡片，将信息内容进行归组和分类，承载当前场景中用户需要获取的核心信息及操作。

3. 全局控制层

全局控制层承担着对整个产品的控制及导航功能。其组成通常包括头部导航栏、侧导

航栏、工具栏等。

4. 临时层

顺名思义，临时层就是当前任务在操作时产生的临时信息、临时功能层，优先级高于当前操作任务本身，通常是当前需要临时处理的任务或者需要接受的反馈等，承载的方式通常为弹窗、抽屉、信息提示条等。

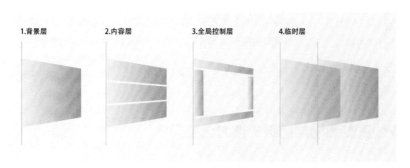

Fusion Design对于页面框架层级的定义

这四个层级从上到下的顺序依次为临时层、全局控制层、内容层、背景层。顺序通常不可更改。举个最典型的例子：当位于临时层的弹窗出现时，用户需要先完成弹窗中的操作，才能再去内容层进行其他操作。

页面框架层级决定着产品的交互逻辑和操作顺序。虽然看上去这些层级就是可见的功能区域，**但更需要去注意其中暗含的逻辑。这些组件和设计实体只是产品交互逻辑的一种外在表现方式。**框架层级不仅对设计师有要求，在产品实现和开发的过程中也是一定要遵守和践行的。它的作用及意义如下：

1.交互顺序更清晰

用户的操作行为顺序可以被有序地规范和引导，通过分层让操作有先后。

2.视觉呈现有依据

通过层级与层级之间有逻辑的视觉表现，比如对背景层降低对比度，对内容层提升丰富性，对全局控制层保持一致性，对临时层提高对比度等，可以让产品的重点功能区域进一步凸显，辅助页面的信息层级，让看上去感性化的视觉效果有据可循。

3.布局沉淀更合理

页面框架层级决定着页面的布局，沉淀页面的这种布局框架，可以让一个页面在最开始的设计和搭建过程变得更加简单高效。这一点可以在后面的回答"021 整理页面级别的组件，到底有没有用？"中看到更加详细的介绍。

另外，还有一些同学会直接把"页面框架层级"和"页面信息层级"混为一谈。虽然仅有两字之差，但是二者的区别却很明显。

页面框架层级的特点如下：

- 更多应用于产品交互框架层面；
- 将页面中的不同功能和操作区域进行分层；
- 侧重考虑用户的操作顺序；
- 确保用户操作的顺畅性和确定性；
- 是隐性的，是不易被用户察觉到的。

下图是页面框架层级的基本模式。

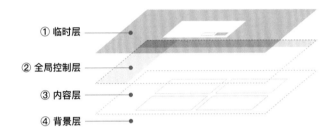

页面框架层级的基本模式

页面信息层级的特点如下：

- 更多应用于产品视觉内容层面；
- 将页面中能看到的所有信息和内容进行分层；
- 侧重考虑用户阅读和接收信息的顺序；
- 确保用户获取信息的高效性；
- 是显性的，是能够被用户直接看到的。

下图是页面信息层级的基本模式，由于设计师对图中的文字做了视觉上的差异呈现，故用户大概率会按照图中文字对视线的引导来进行阅读。

页面信息层级的基本模式

再举一个不是很恰当但能帮你区分两者的例子：

如果说把产品比作一个人，页面框架层级相当于他的认知逻辑和行为顺序。你跟他聊天时，他会用他的沟通方式和思维逻辑引导你先聊完一个话题，再聊另一个话题，然后再开始下一个行动。

而页面信息层级则相当于这个人的外表。你看到他时通常会先看他的五官，再看上半身，最后看到脚。如果他想让你最先看到他的上半身，他就会穿上鲜艳和夸张的上衣；如果他想让你最先看到他的脚，他可能会穿一双超级酷的球星同款运动鞋，甚至还会在鞋上增加发光和发声的装置。

页面框架层级可以帮助设计师从更加整体的视角看待和理解产品的交互逻辑和呈现。我们在应用和理解的过程中也要注意：

1.按照顺序来思考交互逻辑

在思考产品交互逻辑时，则按照从高到低的顺序（临时层、全局控制层、内容层、背景层）来处理和检验页面，会更符合用户的认知及操作习惯。

2.层级间保持相对的一致性

虽然我们将页面做了层级的划分，并不意味着每个层级可以单独处理交互风格和样式。在所有的层级中的交互形式（比如反馈形式、组件结构、元素样式等）需要保持相对的一致性，对用户来说更加可预测和易理解。

3.层级之内具备扩展性

每个层级都应具备可扩展性，随着产品的功能叠加和更新，可以进行布局上的延展和扩充。由于层级之间的内容和功能需求差异大，这种扩展性在每个层级中可以相对独立。

希望页面框架层级可以更好地帮你梳理页面的交互设计思路。

018 这么多大厂的设计系统，设计师要怎样学习和分析？

大厂的设计系统绝对不是为了"卷"而做，我们可以从功能场景、体验感受和搭建方式三个方面入手进行分析。

近年来，"设计系统"这个词渐渐火爆起来。设计系统是设计团队经过大量项目实践和总结，逐步打磨出的一个服务于类似产品的设计体系。一个完整的设计系统通常会提供包括设计指引、最佳实践、设计资源和设计工具等一系列功能，来帮助设计者和开发者快速产出高质量产品原型，在企业级的应用产品中尤为适用。

业内比较知名的设计系统，当属蚂蚁集团的 Ant Design（蚂蚁集团的企业级产品设计体系）。而2020年以来，随着腾讯的 TDesign（腾讯开源的企业级设计体系）、字节跳动的Arco Design（字节跳动的企业级产品的完整设计和开发解决方案）等设计系统陆续发布，就经常会有同学问我这样的问题：

- 为什么这些设计系统感觉差异不大？难道大厂连这也要"卷一卷"？
- 设计系统虽然要注重普适性，但是不是也应该有公司自己的品牌风格和表达呢？
- 这么多设计系统，要怎么比较、分析和学习呢？

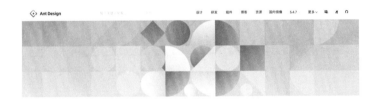

Ant Design，蚂蚁集团的企业级产品设计体系

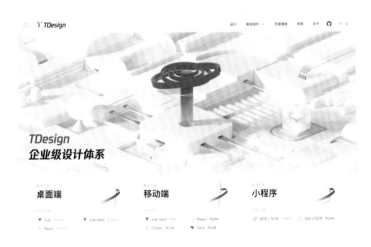

TDesign，腾讯开源的企业级设计体系

Arco Design，字节跳动的企业级产品的完整设计和开发解决方案

大厂的设计系统绝对不是为了"卷"而做。之所以要做，原因至少有以下几点。

1.业务多

大厂的业务和产品多且繁杂，业务中可复用的能力和经验在长时间的积累下也会越来越多。沉淀下来的设计系统会对自己业务起到强有力的支撑和提效作用。**有沉淀且不缺少应用场景，也可以保证设计系统有较高的使用频率，促进其良性发展。**

2.资源足

相对于小公司来说，大厂有**更多的成本、资源和积累**可用于做资产类的沉淀、研究和输出。大厂也理应在相应的领域多做探索和经验积累，回馈用户和市场的信任。

3.权威高

大厂的设计水平相对来说具备较强的稳定性，输出的质量更有保证，可以发声、传播的渠道和方式也更多，也有实力在行业内树立起可靠、**标准的规则话语权**。

从以上几点不难看出设计系统之于大厂来说，对于内部可以赋能业务、降本提效；对于外部可以提升自己的话语权，这其实是一个双赢的过程。

其实设计系统的重要性不光是对大厂来说的，对于中小型企业，尤其是以 B 类业务为主的公司，想要保持对外输出的产品有较高的设计一致性，或是想要提高设计师和前端工程师的工作效率，设计系统都是最有效的解决方案。可以说作为设计师，设计系统是不得不了解和掌握的设计基础知识之一。

抛开代码层面不谈，仅从设计师的使用场景出发，用过蚂蚁集团的 Ant Design 和字节跳动的Arco Design 的设计师大概会觉得二者在功能上似乎并没有什么差异。

早些年 Ant Design 在设计系统领域已打过比较牢靠的**框架基础**，其他大厂进行借鉴是很正常的事情，**没有必要重复"造轮子"**。因此，这些设计系统最基础的结构和框架层面是相差不大的，提供的基础服务也都是类似的，因此看上去就好像都差不多。

但其实究其细节，**各家也都有各家的特点和看家本领**，在应用和功能层面并不是完全一致的。

那作为设计师，该如何对大厂的设计系统进行分析和学习，并做到为我所用呢？这里提供几个学习思路以供参考。

一、设计系统的功能和应用场景

1.侧重的用户和场景

这里所说的功能和应用场景，包括但不限于以下内容：

- 是以设计师为主、开发为主还是两者兼备；
- 是通用组件（基础组件）还是业务组件（高级组件）？二者区别可以在后面的问题"020 同样都是组件，通用组件和业务组件有哪些区别？"一文中看到详细的介绍；
- 用于哪些特定的业务场景和领域，等等。

2.侧重 C 端还是 B 端

目前由于业务特性所决定，C 端产品的设计系统在数量上少于 B 端产品。腾讯的 TDesign 中包含了丰富的移动端和小程序相关的功能和服务，可以满足部分 C 端产品的设计需求，并为之提供设计借鉴。支付宝设计体系也曾有一套针对 C 端的移动端设计体系（不过也在和 Ant Design 的移动端版本进行整合）。你可以在后面的问题"085 面试中如何回答'B 端与 C 端组件系统的区别有哪些？'"一文中看到详细的介绍。

3.侧重国内还是国外（国际化）

国内大厂的设计系统很少考虑国际化应用场景，只有个别会提及一些国际化的设计方法和思路。而这一点，国外的设计系统考虑得相对全面。

4.独特的功能应用或升级服务

一套完整的基础组件库基本上是所有设计系统的标配功能。而说到独门秘籍，各个大厂的设计系统在这一点上可谓百花齐放，比如 Ant Design 还可以与 AntV（蚂蚁集团的数据可视化解决方案）的可视化图表进行联动；Arco Design 也自研出一套被称为 Palette 色彩配置工具，帮助设计师做色彩算法和规范制定。

AntV（蚂蚁集团的数据可视化解决方案）

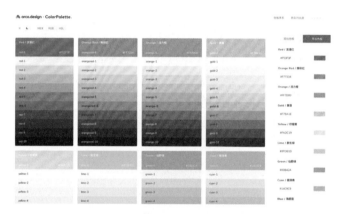

Arco Design 的Palette 色彩配置工具

二、设计系统使用起来的体验和感受

这里既要看使用设计系统做出的产品带给用户的体验和感受，也要看设计师和开发人员在使用设计系统工作的过程体验和感受。包括但不限于以下内容：

1.设计整体基调

包括设计系统的价值观和设计原则。

设计价值观是什么呢？它是为设计师提供评价设计好坏的标准，并为解决具体设计问题指明方向。所以可以说设计价值观是设计系统的核心精髓，它来源于：

- 设计系统所服务的企业 / 产品的特征；
- 行业背景及趋势发展的方向；
- 产品和设计系统的用户群体的特征；
- 一些设计师和行业深耕者的设计哲思。

每一套设计系统都有其价值观，源于企业或产品的特征，并包含一定的设计哲思。看上去很抽象，但却是整个设计系统的灵魂核心，也是企业或产品文化的直接体现，奠定整个设计系统的基调。

设计系统的价值观之所以看上去虚无缥缈，是因为它要做的是帮助设计师做宏观层面的决策和判断，即一些事情该不该做，该怎么做，往大了做还是往小了做，未来要往哪个方向发展，等等。

设计原则又是什么呢？它是由设计价值观衍生出的要遵循的设计准则，可以将设计价值观进一步细化和落地。设计原则是设计系统的基础构建标准，它来源于：

- 对设计价值观的演变和推导；
- 产品的功能体验和服务质量要求；
- 一些业内广泛认可的设计准则和设计学基本原理。

设计原则通常比设计价值观更接地气，是因为它要做的是指导设计师做具体的设计内容和操作，也是设计质量的重要评判标准。因此，设计原则会直接或间接地反馈在产品和组件的细节中。

2.视觉语言特征

基于设计价值观和设计原则产出，包括全局样式、排版效果、动效特征等，会使用户产生最直观的视觉感受。

3.交互体验特征

基于设计价值观和设计原则产出，包括交互反馈和针对用户操作的细节处理，决定用户的使用过程是否流畅舒适。

4.系统品牌建设

这点不仅是指设计系统中的组件的风格与品牌特性，也包括使用设计系统的设计师和开发阅读和了解整个设计系统（网站、品牌运营与推广等内容）的体验。

三、设计系统的搭建模式

搭建模式指的是设计系统在搭建过程中的思路、框架结构和工作方法，包括但不限于以下内容。

1.使用方式

指的是设计师和开发使用设计系统的方式。大部分设计系统依赖官网，提供Figma（交互设计师常用软件）或Sketch（交互设计师常用软件）两种Toolkits（可供设计师下载、安装和使用的组件设计元素包）。也有一些独特和有时效性的方式，比如 Ant Design提供的Sketch插件Kitchen（一种用在Sketch上的设计插件，是由蚂蚁集团平台设计部开发的设计工具）。

2.协作机制

也就是设计系统团队的工作流程和方法，你可以利用自己的人脉资源，看看在这些设计系统中有没有熟人可以约着聊聊，更好地了解背后的工作和搭建方式。

3.更新频率

小迭代和大迭代的更新速率和通知方式、设计运营和维护机制等。

因为设计系统内容繁杂，所以我也建议从以上几个方面入手分析之前，先明确你做分析的目的和目标。不同的目标，对于以上内容的侧重也就不同。

举个例子，如果你已经是一个组件设计师，对于设计系统的基础知识也有一定的了解，你的学习目的是帮助自己对已有的组件库或设计系统进行品牌升级，那就可以将学习和分析的重点放在设计系统的整体基调和品牌建设上。

如果你也在积累设计系统的建设经验，希望以上内容可以为你带来一些学习思路。

019 组件体系、设计语言、设计系统之间的关系和区别是什么？

组件体系和设计语言定义了产品和设计应该是怎样的，设计系统包含两者，并提供完成设计的方法和准则。

很多同学问我："组件体系""设计语言""设计系统"是不是一回事儿？总是分不清这些概念之间的关系和区别。

这几个词的确容易混淆，广义上来讲，它们都是用来规范设计质量、提升设计效率的，但详细追究起来又各有不同，我们逐个来认识一下。

一、组件体系：降本提效的工具

通常我们将设计组件（Design Components）和设计模式（Design Patterns）统称为组件体系。也就是说组件体系中除了包含所有界面中常用的单个组件（Components），如按钮、文本框、标签页；也包括相对复杂的复合组件及框架（Patterns），也就是设计模式。

设计组件这个概念很好理解，也很常用，是产品页面设计的底层系统，**它设定了设计**

质量的底线，可以减少重复性工作，能够极大地提高设计和开发的效率。

设计模式也被叫作复合组件，之所以复杂，也是因为一个Pattern通常是由多个Components依据业务中的高频场景组合而成的。所以Pattern有着更强烈的业务属性，用于特定的、初期的业务中会更加高效，是更加高级别的组件。比如 Ant Design 就通过业务设计沉淀出的 ProTable（高级表格）、ProLayout（高级布局）、ProCard（高级卡片）等复合组件和框架，供内部设计师对应在金融、政务相关的业务中使用。这种复合组件尤其适用于从0到1的新业务或新功能的页面搭建。

Ant Design 通过业务设计沉淀出的 ProTable（高级表格）

二、设计语言：品牌属性的体现

设计语言是塑造产品具备独特且统一的品牌风格的法则，作为一种"沟通的方式"，用于传递品牌内容与信息。它的特点是：

- **具备严谨的设计规范**：是产品设计参考的标准和规范，规定了设计风格和细节的基本原则。
- **是动态的，不断升级的**：设计语言不是一成不变的，可以根据市场所流行和认可的设计趋势，进行补充、迭代和完善。
- **使产品统一品牌属性**：使用设计语言设计出的产品能够保持较好的统一性，并带明显的品牌特征。
- **能够提高设计效率**：设计语言中的规则和元素可以被当成组件，或者指导组件的设计风格，减少产品设计的过程中的重复性工作。

好的产品都打造了属于自己的设计语言。设计语言统一了整个产品的风格，并让产品有了区别于其他产品的个性。谷歌（Google）公司旗下众多产品线共享同一套Material Design（是由Google推出的设计语言，这种设计语言旨在为手机、平板电脑、台式机等平台提供更一致的外观和体验）中的设计语言规范，因此其产品中任何一个界面都不会让人感觉是出自苹果（Apple）或微软（Microsoft）之手。

使用 Material Design 设计语言搭建的页面

三、设计系统：方法论、工具和流程的整合

设计系统也被叫作设计体系。组件体系和设计语言定义了产品和设计应该是怎样的，却没有解答该如何才能做到这样。这些问题都由设计系统进行回答。一个设计系统通常包括以下内容的合集：设计价值观、设计原则、组件体系、样式指南、最佳实践、工具资源和工作流程等。

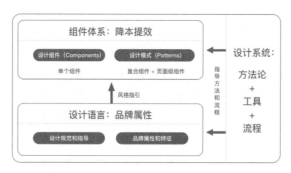

设计系统、组件体系和设计语言之间的关系

有效的设计系统可以帮助团队提高设计决策，优化设计与开发的工作流程，降低错误风险。建立设计系统也是团队管理的一部分，有助于为新加入团队的成员提供指导，同时确保团队的工作不会因为某位关键成员的离开而出现断点。

目前设计系统主要包括平台级和公司级两种。

1.平台级设计系统

苹果（Apple）、谷歌（Google）、微软（Microsoft）为了指导各自生态下应用软件的设计，都推出了完整的设计系统。

苹果的Human Interface Guidelines（人机界面指南）、谷歌的 Material Design、微软的Fluent Design（流畅设计体系）都是值得设计师借鉴的典范，不仅为自家的产品制定了流程和规范，也规定了其平台上产品的标准和形式。

2.公司级设计系统

有的公司为自身产品和团队管理打造了设计系统，比如字节跳动的Arco Design、蚂蚁集团的Ant Design等，都在设计和开发的工作中持续赋能。

下次当你再遇到这些概念时，相信一定可以区分清楚。

020 同样都是组件，通用组件和业务组件有哪些区别？

通用组件是最基础的、相对底层的组件；业务组件是按照业务需求，将通用组件经过拼搭组合后形成的更具备业务属性的组件。在完成灵活多变的业务需求时，两者可以相互补充。

前面几个问题中对于设计系统和组件库有了基础的了解和认知。作为设计师，你可能会在实际应用组件时产生如下的疑惑：

- 在使用大厂这类开源的组件库时，如果组件样式和功能和我的业务需求不相符，我可以修改这些通用组件吗？具体应该怎么做呢？
- 对于弹窗的尺寸、表格每一栏的宽度，等等细节，为什么 Ant Design几乎没有给出明确的数值定义？我可以自己做定义和规范吗？
- 在日常的设计工作中，使用大厂的通用组件库是不是就足够了？我还有必要沉淀自己业务的组件库吗？

要回答这些问题，就要先理解两个概念："通用组件"和"业务组件"。这两者并不存在严格的界限区别，以至于很多设计师不会对两者过多做区分。但两者实际上有着各自的特点。

1.通用组件

通用组件是最基础的、常见的、相对底层的组件，我们也可以称为"原子组件"或"基础组件"，其特点如下：

- **是单一的、不可再拆分的组件**：比如一个按钮、一个输入框、一个开关等。
- **通用于各类场景，几乎没有限制**：比如政务、电商、金融等领域的业务设计中都可以使用。
- **用于保证设计质量和工作效率**：使用通用组件可以使设计稿具备较高的一致性，并提升设计和开发的工作协同效率。

大家熟知的、典型的通用组件库就是前面给大家介绍过的大厂开源组件库，通用、开源、包容是其主要特点。其中蚂蚁集团的Ant Design已拥有超过1000多位设计和开发领域的组件贡献者，被应用于各个企业级产品的不同业务场景中的次数超过20000次。

一部分通用组件的示例（来自 Ant Design）

2.业务组件

业务组件是一种按照业务需求将通用组件经过拼搭组合后形成的更具备业务属性的组件。我们也可以称为"区块组件"或"高级组件"，其特点如下：

- **是组合式的、复合型的组件**：是基础组件的合集，比如一套表单、一套表格、一组多功能卡片等。

- **适用于专业性更高的业务场景**：带有强烈的业务属性和场景特点，在业务设计过程中，会更有针对性、更为高效。
- **用于保证业务设计的专业性和效率**：业务组件可以更好地赋能业务，更快速地完成业务需求和场景搭建。

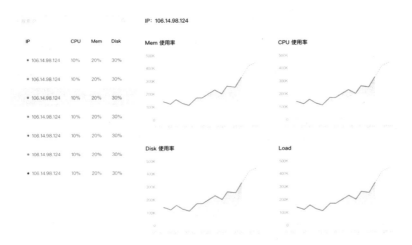

某款产品中的表格和图表结合的业务组件，用于数据检测场景（来自 Ant Design）

某款产品中的弹窗业务组件，用于新建业务内容（来自 Ant Design）

业务组件的样式和组合方式均来源于业务需求。当你在做设计需求的时候，发现某些组件和区块在设计完成后具备较强的业务特点，且在产品中出现的频次很高，就可以将这些内容进行整理和沉淀，变成应用于特定业务的高级组件。

相比于通用组件，业务组件更像是适用于专业场景的由一整套组件组合起来的模板。在完成灵活多变的业务需求设计时，两者可以相互补充，同时使用。

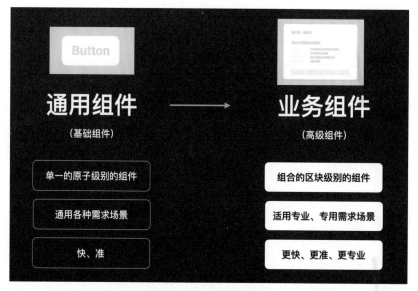

通用组件和业务组件的对比

由此可见，通用组件和业务组件的整理和设计方式也会有所不同。通用组件不具备强烈的个性化特点，所以可以直接借鉴已有的、成熟的开源组件库，减少设计和开发的重复劳作。而业务组件则因其与业务特征强绑定的关系，就需要自行分析和沉淀了。沉淀业务组件的判断依据有：

- 元素或内容是很多个基础组件的拼搭合集，且在很多场景中重复出现，布局也具备一定规律；
- 在通用组件的基础上带有强烈的业务特性和需求，比如每次使用组件 A 的时候，都要加入业务需要的表单或提示信息，A 就可以升级成业务组件 A+。

业务组件的搭建标准和规则，比如什么样的内容可以被当成业务组件？使用规范要写到什么颗粒度？等等，更多是由业务线的设计师来决定。这也是所有B端交互设计师都应该具备和精进的工作能力之一。

需要注意的是，业务组件的数量不是越多越好。"专而精"有时会更高效。毕竟设计系统的根本目的是降本提效，而非设计师炫耀设计工作量和价值的工具。

另外，"专而精"也是另一个维度的"全"。当我们通过对业务需求和属性的深入研究，将业务组件做得足够专业，也会从另一个维度对业务进行补充和赋能，从设计侧推动业务进行体验优化，促进产品质量的提升。

所以再回到我们开篇遇到的问题：

为什么 Ant Design 对于弹窗的尺寸、表格每一栏的宽度等细节，几乎没有给出明确的数值定义？因为每个产品各具特色，对于这种与业务强相关的组件尺寸，在通用的、开源的基础组件库中，不太好给出"一刀切"的定义。但在我们自己的业务业务组件库中，则可以给出更为清晰的规范。

021 整理页面级别的组件，到底有没有用？

沉淀页面组件这个行为本身没有正确与否的评判标准，关键是看它是否能够适合你的业务诉求，匹配你的工作方法。

对于"组件"这个概念，相信设计师都已经不陌生了。不过大家在使用组件时可能还是会遇到各种各样的问题。最近我就收到了一位同学关于组件的提问，她的问题是这样的：

"我看到一些公司在搭建页面组件库，就是将产品中的一些通用的页面布局整合起来，方便以后做设计直接用。这样做真的可以提高效率吗？是否正确呢？"

我们首先需要明白，真正有效的组件，都是设计师和前端开发共建的结果，其本质功能是为研发过程降本提效，让研发产出具备一致性。

可以说，沉淀页面组件这个行为本身没有正确与否的评判标准，关键是看它是否能够适合你的业务诉求，匹配你的工作方法。毕竟，组件的本质功能是为业务服务，帮助研发团队降本提效，而不是为了体现工作量或彰显设计技巧。

和普通的组件相比，页面级别的组件会更强调页面的框架，功能以规范整体布局为主，应用的场景更为底层和基础。它其实更像是一个以页面为单位的大模板，让你的页面结构变得更加一致和稳定，并帮助你加快页面的搭建速度。

Ant Design 设计系统中的页面级组件模板

页面组件的作用和意义可以总结为以下几点：

1.降本提效

不论是设计师还是开发，使用页面组件都可以快速从无到有搭建出符合质量的产品页面。设计师可以减少不必要的排版工作，开发对于设计稿的还原度也会更高。双方节省出的时间可以用于调整体验细节和优化功能。

2.框架稳定

页面组件可以使产品的所有页面在布局和框架上保持相对统一。直接将这些组件用于设计师画页面的第一步，可以最大程度降低设计师对于框架不熟悉、任意修改框架布局等问题。

3.交互简明

因为有了一致的页面框架，在用户体验的层面上也不会做大范围的底层变化。页面结构更加简单明了，给用户的确定性也更高，更有利于用户将注意力集中在任务操作上。

4.视觉统一

产品的视觉风格在框架一致的基础上也更容易做到统一。对于任何新增的页面，都可以尽可能减少内容模块面积比例不一致、行间距大小不一、表单宽度不一等问题。

在同一个产品中的不同页面中可以保持视觉风格的稳定；在不同产品中也可以保持产品之间的相对一致性，更有利于帮助用户建立交互预期和品牌心智。

不过，并不是所有的页面都值得被沉淀成页面组件。页面组件是否真的值得整理、是否能发挥出以上优势，很大程度上取决于业务特征和产品属性，主要看以下几个方面：

1.业务需求量大且为初期阶段

有些产品处于从0到1的初期构建阶段，对于设计和开发的需求量很大，对于完成时间要求严苛，但对用户体验却没有太多复杂需求，以实现基本功能为主要目标。这时使用页面组件就可以大大提升工作效率。

并且如果设计师可以预见到除了该产品，未来也经常会接到类型相似的需求会采用同样的页面框架，那整理和沉淀页面组件也是有必要的。

2.页面布局的特征明显

产品中的功能模块和页面布局的框架特征足够明显，并且该类型的页面出现的频率很高，在B端业务场景中尤为典型的如表单页、表格页、卡片页、结果页等。极少数情况下出现的特殊页面就没有必要被沉淀成组件。

3.产品体验风格要求统一

业务和产品比较重视品牌的一致性和用户心智。在交互体验和视觉风格上，公司品牌下的多个产品希望保持一致，不做过多个性化的交互或视觉上的处理。页面组件在这种情况下也可以派上用场。

组件的沉淀和应用一定要坚持"从业务中来，到业务中去"的原则。面对符合以上情况的业务和产品，设计师就可以沉淀页面组件。但如果业务和产品不具备以上特点，设计师盲目地自发整理组件，就很有可能会为设计带来额外的工作量和无效的积累，也可能会变成设计师能力和创造力的限制因素。

对于设计师来说，页面组件在使用时是否灵活方便，还要看是否选到了好用的设计工具并制定了有效的组件使用规范。页面级组件在使用中一定会涉及修改和补充，设计工具和规范可以帮助设计师在需要修改时快速做出局部修改和替换。

关于设计规范如何有效地落地与执行，可以阅读"057 组件的使用规范，如何更好记和更好用？"

022 设计资产库中的组件，应该如何命名？

组件的命名逻辑并不存在唯一的标准，你可以通过一些方法建立自己的命名逻辑。

很多B端的设计师同学都已经养成了搭建组件的习惯。一些刚开始尝试搭建组件系统的同学也会经常问我这样的问题："组件是怎样命名的呢？是否要注意到一些细节、遵循一些原则呢？"

给组件命名是设计系统的基础工作之一。这个工作看上去并不起眼，似乎还有些机械重复，实际上却需要具备严谨的逻辑和对细节的把控。

按照一定的逻辑来命名组件，既便于设计师理解组件的用法，也便于前端开发理解设计稿的交互细节，还有助于组件系统顺利地新增组件和优化升级。

不过组件的命名逻辑并不存在唯一的标准或唯一的组合规则，你可以按照你对组件构成的理解，来建立自己的命名逻辑。

以一款在工作中用到的组件库为例，下图是组件的"命名逻辑层级表"。可以看到，我们在命名时分了5个层级，依次是类别、元件、模式、等级、状态。我还是要再强调一遍，这个组件的命名逻辑只是我们组内设计师的研究成果，并不是唯一的命名逻辑和标准结构，仅供思路参考。

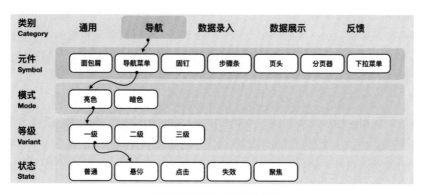

一款组件库的命名逻辑层级表

接下来，我将详细地讲解每个层级的具体概念。

1.类别

"类别"指的是组件最本质的作用和宽泛的应用场景，通常分为通用、导航、数据录入、数据展示、反馈等几个类别，类别以及其中的部分组件如下图所示。

组件的类别

2.元件

"元件"即具体的、单一的组件，比如"导航"这个类别下就包括了固钉（返回顶部）、面包屑、下拉菜单、导航菜单、分页、页头、步骤条这几个组件。

导航

"元件"即具体的、单一的组件

3.模式

目前的"模式"通常会分成暗黑模式（Dark Mode）和浅色模式（Light Mode）两种，但随着对用户体验的不断重视，未来也有可能会出现"护眼模式""视障模式""高对比度模式"等。

4.等级

"等级"的分类和数量由组件的基本功能和在产品的具体需求决定，有些组件比如"分页器""面包屑"通常只有一个等级，在命名的时候就可以不体现；而有些组件如

"按钮""标签页""导航"则会有多个等级。以侧导航为例，下图中的侧导航就分为三个等级。

侧导航分为三个等级

5.状态

"状态"即组件在交互时产生的样式变化，通常包括普通（默认）、悬停、点击、失效（禁用）等，根据不同组件的特性，也可能会包括危险提示、聚焦等状态。

根据上述规则，就可以对所有组件进行有规律的命名了。比如下图中导航菜单中一个元件的悬停状态就可以被命名为：Navigation/Sidemenu/Light/Primary/hover（导航/导航菜单/亮色/一级/悬停状态）。

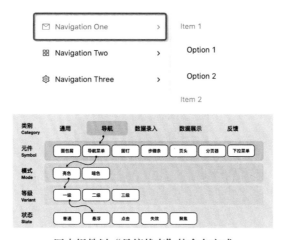

图中组件以"悬停状态"的命名方式

在给组件命名时还要注意以下几个原则。

1.描述的是状态，不是外观

我们要尽量清晰地描述组件的类别和状态，而不是它的外观特点和细节。比如某个按钮在"悬停状态"的时候是浅蓝色，你命名"悬停"的状态就可以了，这时你的按钮名称后半部分应为"……button/primary/hover"（……按钮/一级/悬停状态），而不需要再提及按钮的颜色变化。

再比如你的产品品牌色主色名称的结尾应该是"……brand/primary"（……品牌色/一级），而不是"brand/ #E60326"（品牌色/ 色号#E60326）。

这样的命名结构，可以最大程度确保组件与业务一起发展。假如有一天，主按钮的颜色发生了变化，改变了色值，你也不必在整个系统和组件中更新组件的名称。

2.定义清晰，不要用代号

在命名时不要仅仅使用数字"1、2、3"来代替状态，不然很容易造成理解混淆，因为你理解的"1、2、3"和他人理解的"1、2、3"未必对应。比如你的产品品牌色主色名称的结尾应该是"……brand/primary"（……品牌色/一级），而不是"brand/blue1"（品牌色/蓝色1号），因为我们对于每一个颜色都会做一个渐变色板，以便在产品的配色中应用。下图就是一款以蓝色blue-6为主色推导出的色板。

以蓝色blue-6为主色推导出的色板

可以发现主色实际上是blue-6，但从颜色在组件系统中的色彩层级来看，又是"1"号位，所以"brand/blue1"（品牌色/蓝色1号）其实就是blue-6，而不是blue-1。是不是有点绕？没关系，只要不用数字代号来命名你的组件，就不会把自己绕进去。

3. 先有逻辑层级表，再做实操

不同的组件，其等级和状态千差万别，建议在给组件命名时，先梳理出上文提及的

"组件命名逻辑层级表"，按照表单进行命名工作，既不会混淆逻辑关系，也方便团队中的设计师一同协作。

4.养成良好的工作习惯

在命名时养成良好的书写习惯，建立标准的书写规范，尽量减少细节问题。比如：

- 用斜杠"/"分隔单词；
- 不要随意添加空格；
- 仅使用小写字母；
- 仅使用英文单词，等等。

如果哪个组件的命名有修改和调整，也要及时同步给团队的其他成员，保证信息的一致性。

虽然组件的命名逻辑并不存在唯一解，但命名逻辑却是一定要有的。希望这些经验可以帮助你更好地搭建组件系统。

023 设计规范该怎么写？有哪些注意事项？

设计规范写得好很重要，能被大家用得好更重要。写好规范可以分"四步走"，用好规范可以分"三方面"。

作为在组件领域深耕的设计师，标准化、规范化是我们一直在追求的工作目标之一。我也经常会收到与"编写设计规范"相关的问题，比如：

- 组件的动效规范一般都从哪些方向着手？
- Banner（横幅海报）的设计规范该怎么写？有没有参考模板？
- 一个组件的设计规范要写到多详细才行呢？

其实这些看上去复杂的、详尽的设计规范，都可以抽离出同一套编写思路，不管你写的是哪一类设计规范，比如组件的使用规范、图标的动效规范、海报的视觉设计规范等，都可以尝试分为以下四步：

1. 定义通用原则；

2. 定义事件特点；

3. 定义特殊场景；

4. 其他内容补充。

接下来，我们依次展开说说。

1. 定义通用原则

通用原则是设计内容质量高低的衡量标准，定义整体设计的大方向，也会帮助使用者决策，判断什么该做，什么不该做。

我们就以编写"Banner的设计规范"为例，通用原则的某两条内容可以定为：

（1）契合语义：Banner中的元素需要与文字语义契合，并对重点内容做强化和引导。

（2）样式简洁：以不过于吸引视线为标准，形状不可过于复杂，面积不要过大，符合某行业的风格特征。

在编写设计规范的过程中要结合实际的项目和业务情况，使之具备真实有效的指导性。

通常通用原则这一层我们总结出关键的2～5条即可，内容在精不在多。毕竟写规范不**是为了彰显设计价值，而是为了统一和更正他人的设计行为，语言精练，易记、易理解很重要，切忌舍本逐末。**

2. 定义事件特点

接下来你需要在通用原则的基础上，对所要规范的事件本身进行描述，包括事件的特征、状态、使用方式等细节。这就需要你对事件本身进行有逻辑的拆解和分类，你可以按照设计流程或者组成事件的框架结构来进行描述。

比如还是以编写"Banner的设计规范"为例，可以按照一张Banner的设计产出流程，从Banner的构成框架、图案样式、色彩规范、文案规范、输出成稿的格式等方面，对其进行详细地规范定义，这也是你对于Banner的设计产出建立的基础要求。

通常来说，你不需要从0到1来定义这部分内容，而是可以借鉴现有行业中已被广泛认可的设计原理和法则来为你的规范做理论背书，再结合实际业务和产品特点来编写规范。对于一些比较难理解的规范内容，也可以给出一些正确或错误的实例，也直接给出一些切实可用的实操模板，辅助使用者进行理解或操作。

比如下图中，蚂蚁集团的设计体系 Ant Design 就借用了"格式塔学派中的连续律（Law of Continuity）"作为文案排版设计规范的参考，同时用图示给出正反案例，清晰易懂。

对齐 🖉

正如 「格式塔学派」中的连续律（Law of Continuity）所描述的，在知觉过程中人们往往倾向于使知觉对象的直线继续成为直线，使曲线继续成为曲线。在界面设计中，将元素进行对齐，既符合用户的认知特性，也能引导视觉流向，让用户更流畅地接收信息。

格式塔学派（德语：Gestalttheorie）：是心理学重要流派之一，兴起于 20 世纪初的德国，又称为完形心理学；主张人脑的运作原理是整体的，「整体不同于其部件的总和」。——摘自「维基百科」

文案类对齐

如果页面的字段或段落较短、较散时，需要确定一个统一的视觉起点。

推荐示例	不推荐示例
标题和正文左对齐，使用了一个视觉起点。	标题和正文使用了两个视觉起点，不推荐该种对齐方式，除非刻意强调两者区别。

Ant Design 借用"格式塔学派中的连续律（Law of Continuity）"作为文案排版设计规范的背书

规范描述得越细致，规范就越严格，产生的限制也就越多，不宜遵守；而规范定义得太宽松又会起不到效果，因此要适度。"度"都是试出来的，你可以先写好规范，推广后根据大家的实际应用效果再做调整。

3. 定义特殊场景

如果你写好了以上的通用原则和事件描述，基本就可以涵盖80%左右的设计情况的规范了。但在具体业务设计中难免会出现特殊或极端情况，预判并定义这些特殊场景的使用方式也很重要。你可以把特殊场景理解为"边界场景"，相当于找到事件位于临界点时的处理方法。

我们还是以编写"Banner的设计规范"为例：对于文案规范这部分内容，当业务一定要修改现在的文字排版和布局；或者给出的文字内容很长且无法缩减；再或者要翻译成多国语言等，都属于"边界场景"。

对于这类情况，你可以提前做好预判，给出合理的解决方案，也可以收集实际工作中其他设计师在设计过程中遇到的各种特殊情况，进行汇总整理，逐渐填充到规范当中。**特殊场景的规范不需要也不可能一步到位，可以随时发现随时补充。**

4. 其他内容补充

你还可以补充以下内容，让你的规范更完整：

- 最佳实践：应用此规范的最佳实践案例。
- 阅读引导：如何快速阅读规范中的关键内容。
- 收集反馈：设立简易的反馈和答疑方式，收集使用者的反馈，并据此优化规范。
- 记录存档：规范的更新时间和更新内容纪要，保留完整的记录和归档，便于追溯和查找。

规范的编写过程不会是一帆风顺的，不要急于求成，可以步步为营，逐渐优化。

当你写好了规范，接下来就是让相关方正确地运用规范。你可能会发现，已经写好的设计规范，项目成员却都没有遵守和执行意愿和意识，规范最终变成了"纸上谈兵"。

刚好我在工作中也遇到过同样的问题。我的经验是：我们可以将一套"某某设计规范"当作一款产品，从设计规范的产出到被执行，就是对一款产品上线和普及应用的过程。我们可以借鉴产品思维，从以下三方面出发：

1. 提升设计规范本身的质量（好产品）。

2. 简化设计规范应用的流程（易使用）。

3. 加强使用者对规范的认同感（强营销）。

1. 提升设计规范本身的质量

作为设计团队在工作中要遵守的基本规则，设计规范自身的质量必须达标。**这种质量要求不仅体现在内容上，也包括内容的表达方式。**

1）内容严谨有依据

设计规范的内容要准确，且做到有依据、有来源，经得起考验和质疑。你可以引用已被业内广泛认可的设计原则，为你的规范做佐证。

2）表达精简且客观

设计规范的内容表达方式要"接地气"，拒绝"假大空"，真正地描述和解决问题：

- 角度要客观：客观用语、用词，不带有规范制定者的个人情绪。
- 表达要精练：语言精练、简洁明了，易读、易记、易理解、易遵守。
- 风格要统一：整套规范的话术和风格要一致，符合使用者的阅读习惯。

由此可见，设计规范的编写和制定也需要有标准的流程和规范，以保证产出的质量和一致性。例如，在设计组件时，你可以为"如何做组件"和"如何写规范"分别制定一套工作规则，以确保组件设计和规范编写的质量。

另外，由于设计风向、市场环境和业务需求是不断变化的，所以设计规范也要定期检查更新，因此也需要制定检验和更新机制，安排对应负责人。

2. 简化设计规范应用的流程

就像一款好产品不仅质量需要达标，使用起来也必须简单易学一样，设计规范在应用时必须简单、易上手。

1）形式追随内容

形式服务于内容，不管是文档还是大字报，表达清楚内容并让使用者熟记最重要。就好像是很多公司会把公司的使命、价值观作为标语贴在墙上，为了更好地让员工熟记于心，设计规范也可以通过一些有趣的、重复的形式进行传递，并不局限于文档。

2）简化使用流程

设计规范的使用方式要尽可能的简单。你需要站在使用者的立场上，考虑大家在使用时的最佳途径和诉求：

- 易查找：设计规范有唯一的固定位置。
- 易实操：有快捷的应用形式，比如插件、关键词提醒等方式。
- 易同步：内容更新，做到全员无信息差。

所以你需要在规范落实的过程中做到以下两点：

（1）注意收集使用者的反馈：你可以使用一些简单的调研和评估方法，对使用者的满意度和使用效果进行收集和分析，根据结果适当地优化和更新规范。

（2）用"同理心"替代"玻璃心"：始终站在使用者的角度，对自己编写的设计规范进行自我评判。要知道，**你觉得规范好用并不重要，让使用者觉得规范好用才真正重要**。

3. 加强使用者对规范的认同感

就像一款好产品需要打动和感染它的用户一样，在设计规范完成之后，也需要被使用者认同。你需要帮助使用者建立与你一致的认同感，因为当用户真正认可产品的价值和功能，才会对产品心甘情愿地追随和应用。

1）传递意义和价值

通过宣讲、分享会等形式让使用者真正认可使用规范的意义和价值，达成共识、发自内心地理解和支持规范的普及。大家自愿去遵守规则，比你督促更有效。

2）提升参与感和成就感

不只是你，每个人都喜欢看到自己的工作成果被认可和执行。你可以思考如何让大家都参与到设计规范的建设工作中，成为规范的编写者和贡献者，增加大家的成就感和认同感。

你可以尝试软硬兼施，适当地给予小奖励，激发大家的使用动力；也可以适当地采取强制性，给使用者制定考核目标，采用积分制对于使用者遵守规范的情况进行打分和公示。

当你发现辛苦完成的规范却不被他人重视和遵守时，你可能会矛盾、沮丧甚至气愤，但无论如何，请先从自身找问题——当一款产品无人问津时，并不是用户的错，一定是过程中某些环节还不够完善。在解决问题时，"分析"比"抱怨"更有效。

我在"**057 组件的使用规范，如何更好记和更好用？**"中以组件设计的规范为案例，详细讲解了规范落地的相关经验，可以参考。

024 B端产品如何进行多端适配设计？

多端适配要从两个概念切入，一是响应式设计，二是自适应设计，分别对应着不同的产品适配需求，也会带来不同的设计思路和产出。

作为一个 B 端设计师，你可能会发现，越来越多的产品面临多端适配的需求，也就是在多个硬件设备上、多套系统中可以保持产品可用性和易用性。S同学最近就遇到了这样的问题，他问我的问题如下：

"我正在做一款B端产品的体验设计。最近老板需要我们将产品做成响应式的，要求在手机和Pad（平板电脑）上都能看。我之前没有做过这类工作，想请问有没有什么系统性的工作思路呀？"

其实提到"多端适配"，就不得不面对两个概念：响应式设计（Responsive Design）和自适应设计（Adaptive Design）。很多同学会把这两个概念混淆，但其实它们分别对应着不同的产品适配需求，也会带来不同的设计思路和产出。

1.响应式设计

响应式设计的重点是很多同学都熟悉的栅格布局，页面在应用栅格布局后，可适应不同的屏幕尺寸和方向，确保内容的可读性。响应式栅格布局结构是由列（column）、间距（gutter）和边距（margin）这三个基本元素构成的：

- 列（column）：列用来承载页面的主要内容。列的宽度被称为列宽，不是固定值，可以灵活地适应任何屏幕大小。
- 间距（gutter）：也被称为"槽"，间距可以被设定为定值。
- 边距（margin）：指核心内容区域和屏幕边缘之间的空间。边距宽度在某一页面宽度之下是定值；当页面超过这一宽度时，边距就不再是定值，而可以随着页面宽度的变化无限延展。

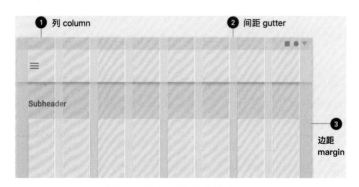

响应式栅格布局的基本构成元素

所有的页面由断点进行统一的布局控制，即屏幕到达某一个断点数值时，页面的排版就会发生变化。理想状态下，我们可以将每一个组件都严格按照栅格标准对齐每一列的边缘，并赋予其在不同断点时的变化规律。关于断点相关的概念，可以在"026 响应式栅格系统的断点应该怎么用？"中看到详细的内容讲解，这里不再赘述。

目前国外普遍认为 12 列结构的栅格最为灵活实用。因为它可以进一步分解为 4-4-4 或 3-3-3-3 或 6-6 等大小的容器中。也有的产品会采用 16 列、20 列或 24 列的布局方式。

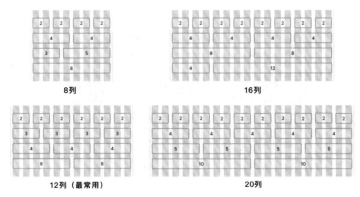

响应式栅格布局的排列方案

页面的内容元素会被放置在12列栅格的布局中。元素可以根据可用的屏幕大小更改所占列的数量，以实现桌面、平板、手机等大、中、小屏幕的灵活布局和换行。

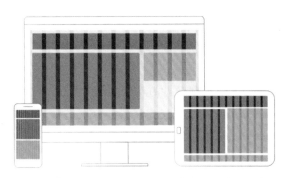

桌面、平板、手机等大、中、小屏幕的灵活布局和换行

使用响应式设计做多端适配的特点是：

- 设计师和开发如果为组件加上栅格布局的规则和定义，就不需要重复产出不同页面宽度的设计稿。

- 断点的数量并没有绝对标准，数量越多，拖动页面看到的变化效果就越流畅，开发的成本也会越高。

2.自适应设计

自适应设计是指设计根据特定设备或系统调整页面样式和布局，使页面适应设备，以及符合该设备上的用户操作习惯。自适应设计更多地融入了用户在使用设备时的习惯和方式，需要设计师具备多端设备的设计经验和共情能力。

举个例子，Airbnb（爱彼迎，全球民宿短租公寓预订平台）海外版本的官网在电脑上看到的界面，导航位于顶部，功能信息铺开；而在手机等移动设备上则考虑到了用户的操作习惯，主导航位于页面下方，并只保留了三个主要操作。

Airbnb的产品页面自适应设计方案

响应式设计和自适应设计两套思路并不矛盾，二者相辅相成。响应式设计可以保证产品最基本的可读性和可用性，自适应设计则用于提升产品的易读性和易用性。

自适应设计能够为响应式设计的极端情况提供最优解。也有一部分设计元素是必须采用自适应设计才能够完成多端适配的需求，保证页面的可用性。这些元素的特征是：

- 所占页面面积比重较大，尤其是宽度较宽（比如列表）；
- 在移动端高频使用的操作（比如导航）；
- 与输入、上传相关的能激发键盘的功能（比如弹出的键盘会对界面布局造成影响）；
- 分享、扫码等会与其他 App 产生交集的相关的功能（比如移动端屏幕上的二维码只能被识别，不能被扫描）；
- 与移动端平台基础规范相关的功能（比如按钮的尺寸和位置）；
- 在移动端不具备的功能（比如鼠标悬停后的提示内容）。

举个例子，Fiori Design（SAP公司沉淀出来的设计规范）在桌面端的表格，会显示所有的过滤筛选条件，由于空间充足，表格中的每一列内容都可以平铺展开；而相同的界面在手机上呈现时，过滤筛选条件字段被折叠，大部分信息会被重新排布，纵向展示，这种排列方式单靠响应式设计是没有办法完成的。

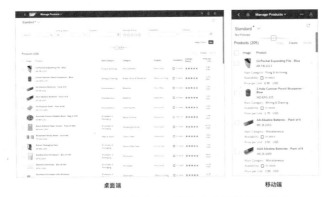

Fiori Design 的表格在桌面端和移动端的设计样式

使用自适应设计做多端适配的特点是：产品使用会使体验更加友好，但其设计和开发的成本投入也更高。而作为设计师至少还要了解产品的以下内容：

- 功能模块的优先级；
- 信息展示的优先级；
- 用户核心路径及操作频率；
- 用户核心路径中的痛点和卡点；
- 不同平台的设计标准和范式；
- 多语言情况下的方案布局与呈现；
- 本地化用户的操作习惯与界面呈现；
- Android 和 iOS 系统的用户操作习惯，等等。

所以当你想要完成一款产品的多端适配设计方案，如果时间和成本都较为紧张，可以先从响应式设计入手，提供最基础的栅格解决方案，保证页面在不同设备上的基础可读性和可用性，之后再针对一些特殊和极端情况提供自适应设计的解决方案，逐步提升产品的使用体验。

025 响应式栅格系统如何落地应用？

需要定义好六项内容：交付设计稿的页面宽度；侧导航（如有）的宽度；有效内容区域的最大宽度；栅格的列数；间距的宽度；断点的值。它们相互配合，也就形成了一套完整的栅格解决方案。

我们在前面一问中给大家简单地介绍过响应式栅格系统相关的概念。不过，栅格系统并不是个简单的概念，我的星球中经常会收到大家与之相关的提问。我整理出两个具有代表性的问题的答案，希望对你学习和应用栅格系统有帮助。

问题一：栅格的列是不是只针对"有效的内容区域"起作用？

是的。栅格方案如果想要更实用，列（column）就需要仅针对会受到页面宽度影响的、有效的内容区来划分。比如下图中，绿色区域表示的内容和屏幕左右边缘之间的空间，就属于无效内容区，也就是我们常说的边距（margin），此范围中的内容不受栅格的列的影响。

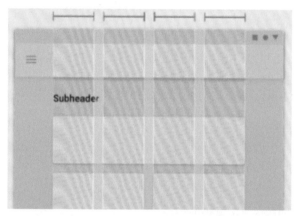

绿色区域表示的内容为边距（margin），此范围中的内容不受栅格的列的影响

再比如下图中，侧导航的宽度通常不会受到页面宽度的影响而产生变化，因此也不建议将侧导航纳入列（column）的划分和布局中。

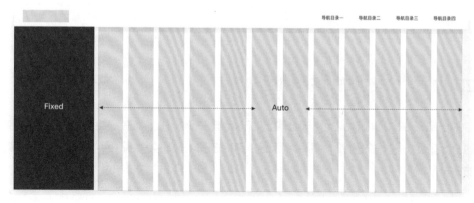

侧导航的宽度通常不会受到页面宽度的影响而产生变化

之所以我们把栅格的列只应用于有效的内容区域，是因为假设页面被无限延展，你的栅格不应该跟着页面宽度无限制地变宽。因为人的眼睛有一定的视野范围，当图像超过视野范围的最大宽度，就需要用户左右转头进行阅读，这样会降低产品的阅读和使用体验。

所以我们会给"有效内容区"确定一个最大值。如果超过这个最大值，页面还在进行延展，栅格的列的总宽度将不会再进行变化，而是使用边距的宽度进行补充。例如下图中我们可以看到，在一个超级长的屏幕上，官网页面的栅格布局方案有以下特点：

- 栅格系统只针对有效内容区起作用；
- 有效内容区域有最大值；
- 两侧的边距区域在页面达到某一宽度（断点之一）后无定值，可以无限延展。

在一个超级长的屏幕上的官网页面的栅格布局方案

再比如下图中后台产品页面的栅格布局方案：

- 栅格系统只针对有效内容区域起作用；
- 有效内容区域有最大值；
- 左侧的导航栏为定值，在某些页面尺寸下会缩起或消失；
- 右侧的边距区域在页面达到某一宽度（断点之一）后无定值，可以无限延展。

在一个超级长的屏幕上的后台产品页面的栅格布局方案

问题二：栅格系统在应用时，应该定义好哪些数值？

在具体的应用时，需要先确定好以下六项内容，就可以创建出一套可用的栅格系统。

1.交付设计稿的页面宽度

这指的是你与开发对接时交付的设计稿的宽度，即画布的宽度。这个数值没有行业内的严格标准值，1440px或1600px都可以，你可以根据自己产品以及用户最常用的设备的尺寸来确定。

这个数值可以是一个断点数值，对栅格的布局有一定的影响；也可以仅仅只是一个画布宽度，用来给开发提供一个数值参考，作为一个页面基准样例。

2.侧导航（如有）的宽度

上文中我们已经知道了侧导航尽量不要占用栅格的数量。通常情况下侧导航有唯一的定值宽度。在页面达到某些宽度（断点）时，侧导航收起只保留图标的效果，也可以算作是另一个定值。

3.有效内容区域的最大宽度

上文我们已经说明了为什么要定义好有效内容区域的最大宽度。栅格的列只作用于有效内容区域，因此这个值也是栅格"所有的列宽"加上"每两列之间的间距"的最大宽度。

当页面超级长时，定义最大宽度就很有必要。这个数值也没有行业内的严格标准值，目前在国外产品的设计方案中，有效内容区域的最大宽度通常在1100～1300px。

4.栅格的列数

也就是有效内容区被划分成几列。栅格的列数会决定页面布局的视觉效果。目前 Ant Design 给出的栅格方案是24 列；国外产品则大多喜欢使用12列。这主要是因为国外的页面内容相对松散，而国内页面内容相对紧凑。你可以在"028 出海产品的体验设计要考虑哪些方面？"中看到全球化产品的设计思路和差异性。

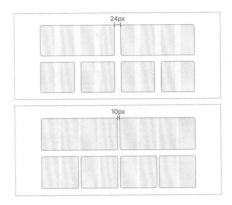

5.间距的宽度

每两列之间的间距宽度也会影响页面布局的视觉效果。两个相同宽度、相同列数的页面间距越大，页面布局显得越松散。

同样的页面宽度和列数，间距会影响页面布局

6.断点的值

断点（Breakpoints）指页面的几个关键的宽度值，即屏幕到达某一个数值时，页面的排版就会发生变化。断点通常有 3～4 个，是设计师和开发必须要对齐的内容。通常来说设计师需要针对断点值，来设计出几套页面布局方案。

定义好以上六项内容，就可以得到一个基础的栅格布局样式了。这六项内容相互配合，也就形成了一套完整的栅格解决方案。

一套栅格方案需要的六项内容

栅格之所以能够让页面做到响应式变化，就是因为其中的大部分数值都不存在绝对的定值。比如，每个列的宽度并不是定值，而是相对值；有些产品也会将列与列的间距的宽度设置成相对值，页面宽度变化，列的宽度和间距会同时产生变化，始终是动态值。这些都是不同的栅格解决方案。

栅格方案要尽可能去匹配产品页面设计，才能更好地服务于产品，更好地呈现出产品在不同环境下的布局样式。每个产品都有自己的个性，因此每个产品对应的栅格解决方案也都是独一无二的。

希望你在看过本文之后，能够对栅格有更多的认知。

026 响应式栅格系统的断点应该怎么用？

栅格和断点本质上是一种设计方法，用来帮助产品更好地匹配不同的设备环境和页面宽度。所以栅格方案和断点值都要去匹配你的产品页面设计特点，才能更好地服务于产品。

除了栅格系统的概念本身比较难以掌握，很多同学对于栅格系统中的"断点"概念也是似懂非懂：

- 一款产品的断点数量是不是越多越好？
- 断点的数值有没有标准的数值规定？
- 我是不是可以直接把大厂某款成熟产品的断点数值，应用到我自己的产品上？

别急，接下来我会先给你讲讲"断点"这个概念，再用实际案例来教你如何具体应用这个概念。

断点其实是控制页面进行"布局变化"的一系列数值。说得再通俗些，就是当页面到达某一个断点值时，页面的排版和布局规则就会发生变化。关于断点，你需要先建立以下认知概念。

1.断点数量并非越多越好

通常情况下，一款产品的断点数量在 4～6 个为宜，因为如果基于每一个断点都给出一套页面排版方案，那么断点的数量越多，产品页面被拉伸时的变化就会越顺畅，同时产品的设计和开发成本也会越高。

2.断点值没有绝对的数值规范

你可以根据产品的页面布局和尺寸来确定，也可以按照用户常用设备来设定断点数值。你也可以理解为：当你的页面宽度被不断地挤压变窄或拉伸变宽，使得页面的排版布局不得不发生变化时，就可以给出一个页面的断点值。

举个例子，下图是某产品断点值和页面效果案例，其中的 756px、974px 并不是常见数值，但只要它们符合产品的设计和功能需要，就可以将其定为断点值。只不过数值不是整数，不太好记。

某产品断点值和页面效果案例

3.每个断点下对应的栅格方案，没有绝对的标准解法

你可以根据自己的产品设计需要，灵活地规定不同断点值下的栅格列数、边距和间距的值，以及这些值之间的变化规则。

其实栅格和断点本质上是一种设计方法，用来帮助产品更好地匹配不同的设备环境和页面宽度。设计方法只有和产品需求相匹配才会更好地解决产品问题，所以栅格方案要去匹配产品页面设计，才能更好地服务于产品，更好地呈现出产品在不同环境下的布局样式。

因此我不建议把其他产品已有的栅格方案套用到自己的产品上。每个产品都有个性，产品对应的栅格解决方案也是独一无二的。

我以一款B端产品为案例，具体讲讲断点的功能和应用方法。这款产品使用的是相对简单的一种布局方式，见下图。我要再强调一次，下图中的栅格方案并不是唯一的标准解法，仅为一种最适合这款产品的解决方案，以供参考。

一款B端产品的断点数值案例

由于考虑到产品的特性和开发的难易程度，这套栅格方案中设定了两个定值：列的数量始终为12栏；间距的宽度始终是24px。

这套栅格方案中设定列数（12）和间距（24）这两个定值

先来讲讲这几个断点数值的含义。

1）1600px

严格意义上来说，1600px 不算是一个断点值。这是我们画设计稿使用的画布宽度。页面中栅格的最大总宽度（也是有效的内容区）为 1280px，"有效内容区域"这个概念我们在上一问中给大家解释过了，这里就不再展开。

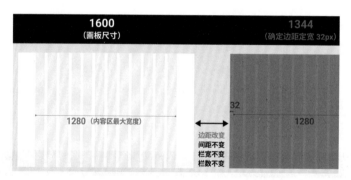

1600px确定了页面的内容区最大宽度为1280px

也就是说，当页面再被拉长时，栅格的总宽度始终为1280px，只有边距会不断增加。页面的内容布局不会发生变化，比如下图中1800px和1650px宽度的页面布局就是完全一样的；同样的，当页面再被挤压变窄时，只要页面宽度没有达到下一个断点值，栅格的总宽度始终为1280px，只有边距会不断减少。页面的内容布局不会发生变化，比如下图中1500px和1360px宽度的页面布局与之前提到的几个页面也是完全一样的。

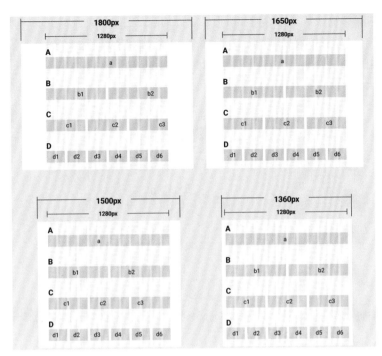

1800px、1650px、1500px、1360px宽度的页面布局都是完全一样的，只是留白的边距不同

当然，我们如果使用其他数值比如 1440px 或 1400px 作为画布尺寸也是可以的，其他数值也会相应变化。

2）1344px

这个断点值用于确定页面边距的第一个固定宽度是32px。当页面的宽度从 1600px 向 1344px 靠近时，页面的边距会不断缩小，直到在1344px这个断点值达到 32px 这个最小值。

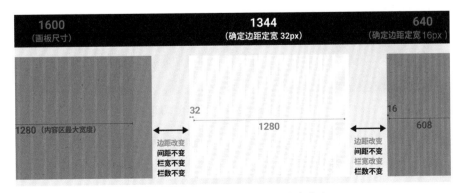

1344px确定了页面边距的第一个固定宽度为32px

也就是说，当页面宽度大于1344px时，页面的边距会随着页面宽度增加而不断增加；当页面宽度在1344～640px变化时，边距始终是32px，改变的只是栅格每一列的宽度，页面的内容布局也不会发生变化，比如下图中1200px和960px宽度的页面布局与之前提到的几个页面也是完全一样的。

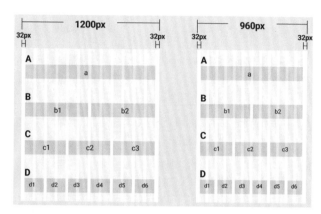

1200px、960px宽度的页面布局都是完全一样的，边距都是32px，只是栏宽不同

3）640px

这个断点值用于确定页面边距的第二个固定宽度16px。也就是说当页面宽度小于或等于640px时，边距始终是16px，只改变栅格每一列的宽度。

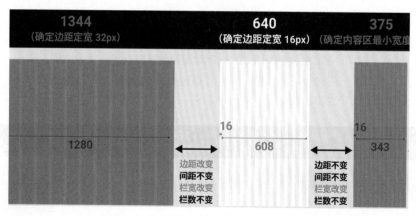

640px确定了页面边距的第二个固定宽度为16px

这时页面就适用于Pad设备，页面的布局会在达到640px时进行直接改变。

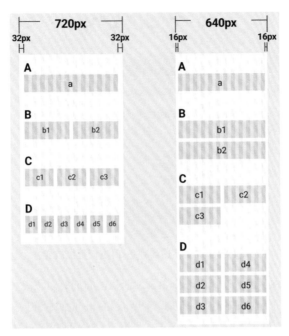

页面的布局会在达到640px时进行直接改变

4）375px

这个断点值用于确定内容区最小宽度为343px，不过这是建立在手机尺寸唯一的理想基础上。由于手机型号不同，所以实际上小于343px的内容区域也是存在的，可以通过改变栏宽实现宽度的变化。

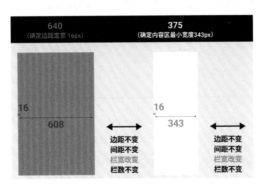

375px确定了内容最小宽度为343px

这时页面就适用于手机设备，页面的布局会在达到 375px 时进行直接改变。也可以根据产品的特点来决定是否沿用 640px 的布局样式。

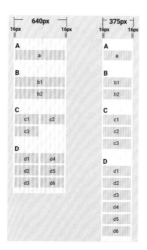

页面的布局会在达到375px时进行直接改变

所以我们可以看到，整个产品有三个主要的断点，布局有以下三种主要的样式：

- 当页面宽度大于640px时是一种布局，即断点1344px的页面布局样式（适用于PC）；
- 当页面宽度在640~375px时是一种布局，即断点640px的页面布局样式（适用于Pad）；
- 当页面宽度小于或等于375px时，是一种页面布局样式（适用于手机）。

我们现在所有的页面都使用12列栅格，你也可以根据产品设计样式，将375px页面中的12列栅格变成4列栅格。还是要再强调一次，这套栅格方案及其中的数据并不是唯一的解法或行业标准，只是最适合这款产品的方案，仅供学习参考。

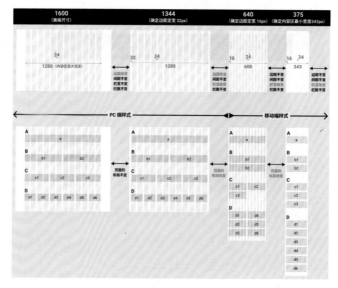

整套栅格和断点方案

我们在和开发做对接时，也是用这张图做讲解，让双方对布局规则达成一致，初步确定基础数值和使用规范。

另外提醒一点，在向开发交付设计稿的时候，尽量不要使用"这个输入框的尺寸是400px"这样的定值描述方式，而是使用"这个输入框在某个断点时占用的栅格列数为4列"。

027 什么是Design Tokens，有什么作用？

Design Tokens在设计系统中相当于一种"正确且唯一的设计指令"，可以让设计语义更易理解；设计产出更加一致；设计成果更准还原；设计改进更易维护。

经过前几个问题的讲解，大家应该都对设计系统有了一定的了解。不过尽管我们可以通过设计规范、组件库、素材库等来规范设计产出的一致性，以及提升设计和开发工作流程的效率，但在实际工作中却依旧会经常遇到令人头疼的细节问题，比如经常有同学向我吐槽最近的工作问题。

- 产品最近新增了暗黑模式，设计和开发都面临巨大的工作量。
- 设计师根据新的业务需求设计了一张组件库中没有的卡片，但不确定卡片的背景和边框应该用哪个颜色。
- 老板用了已上线的产品，觉得主题色的蓝色太重，想换主题色为浅蓝色，设计和开发又要点灯熬油地赶进度了。

每次听到这些问题，我都推荐这些同学通过Design Tokens（设计变量）进行优化以解决问题。

Design Tokens并不是一个新概念，相信你也已耳熟能详。它是一种设计师和开发共同使用的工作思维和方法。Tokens的本意是"令牌、指令"，与 Design 连起来可以理解为"设计变量"。

如下图，我们可以分别将一个按钮（button）的背景色、文字色、文字属性定义成Token，用代码化的语言，将组件的每一部分属性进行有规律的代码化命名。

将一个按钮的组成元素Token化

Design Tokens相当于将设计组件进一步拆解，使其原子化，将组件的每一种属性都转变为一个前端变量。可以说，Token 本质上就是找到了组件、属性和代码之间的对应关系，统一了样式和前端语言，使组件和设计系统可以被快速管理。Design Tokens在设计系统中相当于一种"正确且唯一的设计指令"，在使用时有四大优势，分别是：设计语义更易理解；设计产出更加一致；设计成果更准还原；设计改进更易维护。

1.设计语义更易理解

每一个组件中的复杂属性都可以被Design Tokens进行语义化的描述，帮助设计师和开发建立"画面感"。

举个例子，#495FDF（色值）这个颜色，按照设计系统中的命名方式，它可能会被叫作Blue60。而当我们通过 Design Tokens语义的方式让它达到组件级别的精度时，它会被叫作：color-text-primary（色彩-文字-一级）。设计师和开发在使用时，就能迅速地看明白：这个颜色是应用在"一级的文字"上。

2.设计产出更加一致

在我们实际的设计工作中，一款产品通常会有多位设计师参与。产品是在不断地发展的，所以组件库中的组件不可能完全满足所有的设计需求。

相信你也一定遇到过这样的困惑："组件库没有组件能够满足我的设计需求，我自己设计出的表格，背景的颜色应该使用设计系统中的哪一个灰色？Grey50还是Grey60？"这时如果我们给"卡片背景色"绑定一个唯一的Token：color-table-background（色彩-表格-背景），你或者其他设计师再遇到这个问题，就不会再拿不定主意了。产品所有表格不论新旧，背景色也一定是一致的，这就能确保不同设计师产出设计稿的一致性。

3.设计成果更准还原

当设计师在验收前端开发的内容时，往往会花很多时间去检查开发结果对于设计稿的还原度。使用Token就能确保设计稿被高效、准确地还原。

举个例子，在不使用 Token的情况下，开发使用的是一个硬代码的模式，当输入不正确的色彩色值的代码时，系统无从判断这个颜色是否使用正确，也就不会报错。而在使用了Token之后，如果开发引用了错误的或根本不存的色值时，系统就会在校验Token后给出报错提示，前端开发由此得以进行代码检验，设计师的验收成本也会大幅降低。

前端开发通过Token进行代码检验

4.设计改进更易维护

如果组件中的所有元素都绑定了Token，那修改Token就可以达到"牵一发而动全身"的效果，产品设计的变更和优化将变得更加轻松。

举个例子，你设计的产品需要更新主题色。如果没有Token，将会产生极大的工作量。你需要一个接一个地修改组件，因为之后先把所有的组件颜色都调整一遍，才能让用这些组件的设计稿都产生颜色上的变更。而这个过程中难免会漏掉或混淆一些细节。但如果用了Token，你所有的设计稿中相关联的颜色都绑定了同一个Token，那就只需重新更改这个Token所对应的新色值，就可以做到所有产品的设计稿的相关颜色一步更换，不再需要一个个组件地排查和更改，省时、高效、准确。

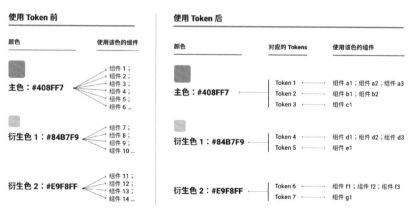

通过Token进行颜色更换的逻辑

了解了这么多Token的优点，我们具体应该怎么应用和落实Token呢？通常设计和开发是需要使用一套完整的Token列表来实现信息对齐。如果你的团队使用Figma作为设计与开发的协同工具，可以使用插件Figma Tokens（Figma的一款专为Token研发的非官方插件）。设计师可以将整理好的Token文档导入到这个插件中，灵活取用；前端开发可以利用这个插件高效生成Token所对应的代码，直接复制用于开发页面，就可以很好地保证设计与开发协作的一致性和准确率。

028 出海产品的体验设计要考虑哪些方面？

产品想要拓展海外市场，就先要建立起全球化产品的基础设计思路。包括两个方面：一是国际化，也就是让产品具备包容、通用性；二是本地化，也就是让产品具备地域的独特性和文化性。

我目前的工作重点是国际业务线的B端产品设计，所以星球里也经常会有同学问我有关国际化设计的问题。H同学就问过我以下问题：

"我的产品要做海外版本的设计，应该如何去了解各国之间的用户习惯与差异，达到产品的通用化呢？还有，为什么海外产品的字体和元素之间的行距都会比国内产品的大好多呢？"

产品想要拓展海外市场，就先要建立起全球化产品的基础设计思路。这里所说的"全球化（Globalization）"其实包括两个方面。

1. 国际化（Internationalization，i18n）
指让产品和服务可以向不同国家和地区提供服务的能力，也就是让产品具备包容、通用性。

2. 本地化（Localization，l10n）
指让产品和服务具备该地区的本土特色，也就是让产品具备地域的独特性和文化性。

全球化包括"国际化"和"本地化"两个方面

我举个例子让你更容易理解这两个概念：

你的产品中有一段文字是描述"股票的价格"，设计提供了多套语言的解决方案，不仅是单纯地翻译文字，还要涉及当文字从中文变成英文，文字长度变长、内容变多时不会对其他内容的排版造成不可阅读的影响。也就是说一套多语言的解决方案不仅需要让中、美两国用户都能够阅读，还要让他们读得顺、读得懂。这就让产品具备了国际化的能力。

而在描述股价变化这件事情，中文文字中，你将上涨后的价格用红色突显出来；英文文字中，将上涨后的价格用绿色突显出来（美国文化常用绿色代表股价上涨），完全符合当地用户的使用习惯，这就使产品具备了本地化的能力。

中国用户习惯红色代表上涨　　　　　　　　　美国用户习惯绿色代表上涨

中美两国用户对于金额上涨的颜色差异

国际化和本地化的设计思路和策略不尽相同。如果想要让产品更具备通用性，你就要使用国际化设计策略；如果想要让产品符合各国用户的使用习惯，你就要考虑本地化设计策略。一款好的全球化产品会兼备对于二者的思考和解法，缺一不可。

因此，当你想要了解不同国家的用户时，也可以分两步：

一是去了解国际通用标准和用户共性特点，做好国际化设计。

多种语言切换、多种适配方式和无障碍设计标准是产品出海必备的通用标准。除此之外，例如所有用户不分国界，都对某个功能有高频使用需求；主要用户群体都是20～30岁的年轻人等，这些共性特点会帮助你找出产品中可以通用的设计内容和设计策略。

二是去了解不同国家和用户的个性特点，做好本地化设计。

比如不同地域的文化历史、社会环境、生活习惯、阅读方式、用户的受教育能力，等等。这些个性特点会帮助你找到产品中需要做出地域差异的内容和策略。

例如H同学在问题中提到的"UI设计字体和元素之间的间距会比较大"，这个区别不能单纯理解为美感层面的区别，还与不同国家的用户阅读方式和习惯相关。

比如从阅读习惯来看：

- 中国用户：通常喜欢信息量大、功能多的产品，一目十行地阅读内容，信息量越大、内容越多用户会觉得越充实。
- 美国用户：通常喜欢简洁干净、功能专注的产品，一个产品专注做一件事情、一个页面重点完成一个核心操作。

再究其根本原因就要追溯到国家的文化和社会发展状况：

- 中国城市：大多数布局紧凑，人口密度高，生活节奏快，平时接触的信息密度大一些也毫无违和感。
- 美国城市：大多数布局宽松，人口密度较低，生活节奏相对较慢，更喜欢专注于关键信息。

这就导致了即使都是新闻类App，国内和国外产品的页面布局和行间距也会存在较大差别。

中国新闻应用界面　　　　　　美国新闻应用界面

中美两国新闻应用界面

由于受到地域和文化的影响，本地化设计要比国际化设计更难。

我们目前对于国际业务采取的设计策略和方案也正在逐步落地和探索中，思路是先做底层通用方案，再针对不同地域的区别做差异化处理。

029 PaaS 和 SaaS 产品的体验设计有什么区别？

新业务是很好的经验积累和学习的机会，也是检验你对于设计思维和方法的掌握程度的时刻，更是帮助你训练灵活迁移知识和经验的实践过程。

作为体验设计师，在不同业务和产品间切换是常有的事情。因此，对于思考方式、设计技能和工作经验的迁移能力也就尤为重要。我们无法控制和主导业务的变化，但却可以熟练掌握并灵活迁移"思考和解决问题的设计程序和方法"，以不变应万变。

Y同学向我提问的就是遇到新业务的问题：

"我最近的业务发生了变化，以前在做的是SaaS（Software as a Service，软件即服务）产品，现在在做PaaS（Platform as a Service，平台即服务）产品的体验优化。这是我第一次做这一类产品，所以想了解一下PaaS产品和SaaS产品在体验设计上有何不同？"

如果你是做云业务的设计师，大概对PaaS和SaaS这两个词耳熟能详。要想比较出区别，就要先理解概念。

SaaS和PaaS都属于云计算服务的表现方式。对于云计算的概念，你应该并不陌生。云计算（Cloud Computing）是一种基于互联网的新型计算形式，它可以根据用户需求，提供共享的计算机处理资源和数据。所以你可以理解为：云计算就是一种按照需求通过互联网获取计算资源的形态。而这些计算资源被包装成服务，提供给用户，就变成了云计算服务。提供这些服务的主体，我们称为云服务供应商（Cloud Service Provider）。

在美国国家标准和技术研究院（National Institute of Standards and Technology，NIST）所定义的云服务中，PaaS、SaaS是主要的两种。两者的概念区别如下。

- SaaS平台给用户提供的能力是"云服务提供商提供的应用程序和服务"。也就是说用户享受的核心服务是使用门槛较低的应用程序和已成形功能。
- PaaS平台给用户提供的能力是"云服务提供商提供的编程语言、库、服务以及开发工具和服务"，来帮助创建、开发、管理应用程序，并部署在相关的基础设施上。也就是说用户享受的核心服务是用来创建和管理应用程序的功能。

再举个简单的例子来帮助你区分和理解。如果用装修房子来打比方：

SaaS是精装修的房子，你可以拎包入住。

PaaS是已经就位的等待装修的毛坯房、各种材料和施工团队，你可以开始你的建设，把房子装修成自己喜欢的样子。

你使用PaaS装修出来的房子可能就是SaaS，也可能是个B端产品或C端应用程序。

由于体验设计师的工作需求通常来自业务、产品和用户，我们也可以从这三个方面做分析。通过以上概念讲解，你会发现PaaS和SaaS有以下三个方面的区别。

区别1：业务概念的理解难易程度不同。

PaaS会比SaaS的业务概念难以理解得多：

- **逻辑上更为复杂**：一条逻辑线上可能会遇到更多分支和需要考虑到的情况。
- **内容上更难理解**：单是行业专有名词和字母缩写简称就会更多，工作语言和环境都更偏底层技术。

所以要想把PaaS业务理解透彻，就要更多地尝试、提问、思考和积累。

区别2：产品功能的操作繁简程度不同。

对于用户来说，PaaS产品上单个任务的操作项目会更多，操作链路会更长，过程中遇到的中断、审核或检查的机制可能更多，任务成功前的等待时间也更长。

所以PaaS产品对于用户的操作引导、预期管理和反馈机制的设计体验要求也更高。

区别3：用户群体的认知高低程度不同。

SaaS产品提供的服务对于用户来说属于开箱即用，因而更加"平民化"，不能有太高的操作门槛，对于用户群体的认知水平不会做太多的筛选，人人皆可使用。

PaaS产品则更加"技术化"，虽然产品本身也不希望有太高的操作门槛，但其功能和业务属性决定了产品的复杂性，用户群体也是认知水平更高、工作级别更高的特定人群。

所以在做设计之前，你可以先去了解下产品的用户群体，对于用户的工作环境、操作方式、认知水平等有了一定的了解之后，才能更好地拿捏体验设计的尺度。

不过，就像SaaS产品也是从"高级"慢慢"普及"了一样，总有一天，PaaS也会变得"平民化"。这也就对设计师在"如何降低用户操作门槛、提升用户自助率"这一问题上，有了更高的要求。

虽然PaaS和SaaS产品有着些许不同，但归根结底都是云计算服务的表现形式。还记得我们在"005 面对新的设计领域，如何开始系统性学习？"中提到的"道、法、术、器"学习方法吗？用于理解PaaS和SaaS平台的体验设计也很适合。

两者都基于云计算，因此在"道"的层面是相通的。只是由于业务范围、产品功能和用户特征的不同，导致两者在"法"的层面会有些许不同。两者在"术"和"器"的层面也是可以互通经验的：

- 在设计过程上：都是使用通用性的设计思维和设计手段，发现、分析、解决、验证产品和业务的问题。
- 在交互体验上：基础组件层和框架层都可以通用。
- 在视觉表达上：都是工具型产品，风格上偏好简约。
- 在设计工具上：都使用交互设计软件和工具。

理解到这个层面，你会发现不仅仅是PaaS产品和SaaS产品的体验设计可以用这种方式来做分析和经验的迁移，未来当你需要做IaaS（Infrastructure as a Service，基础设施即服务）产品甚至是转战C端产品时也是一样的。

所以，当业务发生变化时，不要担心，新的业务都是很好的经验积累和学习的机会，也是检验你对于设计思维和方法的掌握程度的时刻，更是帮助你训练灵活迁移知识和经验的实践过程。

将每一次业务变化都当作机遇和经验积累的契机，相信你会越来越优秀。

030 如何从更高的维度思考问题呢？

"高维度"指的是"多维度"，你可以从五个维度出发来思考问题：主次维度；时间维度；空间维度；认知维度；概率维度。而要将这种思维变为本能，你还需要不断重复地使用公式和反思，推陈出新。

我的星球里有几位同学迫切地想要提升认知和思考的能力，他们问出的问题也经常激励着我反复地思考和推敲。比如H同学就问过我以下问题：

"我觉得拥有产品思维的人都很厉害，对待人和事物都有更好的认知，似乎更能接受这个世界本来的矛盾性和复杂性。同时他们也拥有生活的智慧，对人和事物有了跟以前不一样的视角，能够带着问题去看背后的逻辑。那到底什么是产品思维？我该如何提升我的产品思维，从更高的维度来思考问题呢？"

我也觉得能具备"产品思维"是极好的。不过我们也不要"神化"产品思维。从H同学的描述中，你会发现其实他并不了解"产品思维"这个概念，他想要掌握和提升的甚至也不是"产品思维"，而是一种"看待问题的态度"和"解决问题的方法"。这种态度和方法的统称，叫什么不重要，重要的是你能够掌握并把它变成你的一种本能。

这种将"态度+方法"变为"本能"的过程，我个人认为它没有"确定性"，即它不是像数学题一样，学会了公式就能得到答案。不过，我们还是先来看看"从更高的维度思考问题"是不是也有"公式"。

我理解的"高维度"，并不是指"高端"或"深奥"，而是指"多维度"。当维度太少，问题就看不全面，思路和解法也会变得单一；当维度更多，才能够将问题了解透彻，洞察出问题的本质，找到更优的解决方案。

那么思考一件事情可以有哪些维度呢？我目前能看到五个维度：主次维度；时间维度；空间维度；认知维度；概率维度。

1.主次维度

"主次维度"是指分清问题的轻重缓急。在现实生活中，不是每一个问题都值得你站在更高的维度去思考。学会抓住重点，区分问题的主次，厘清你的主要目标，是解决问题的第一要务。

2.时间维度

"时间维度"是指不仅要思考当下,还要预判未来可能出现的情况,多考虑一步甚至是几步。通过对未来的预判来补充你对当下问题的认知和理解,扩展你的解决问题思路。

3.空间维度

"空间维度"是指不仅要盯着问题表面,还要透过现象看本质。一个问题只是一个"点",点的背后会有"线""面""体",其中又有着千丝万缕的联系。全局地看问题,你思考和处理问题的方式也会不同。

4.认知维度

"认知维度"是指认知的三个层级:

第一层:知道自己知道,也就是在自己的认知范围内,用自己已经掌握的、熟知的方法来解决问题。

第二层:知道自己不知道,也就是清楚自己有哪些不了解的、没有掌握的内容,不逃避、不隐瞒,想办法、找途径去了解,经过学习和研究后将这些内容用来解决问题。

第三层:不知道自己不知道,也就是个人认知中的盲点。这一点最难克服,你需要做很多功课才能补足这些盲点,看到自己不曾了解的问题的另一面。

5.概率维度

"概率维度"是指即使你将所有维度都考虑周全,也依旧有可能得不到最后想要的结果。但如果你能认识到失败和成功各有一定的概率,就会更坦然,甚至可以提前为失败的结果做准备,更好地降低失败的概率或失败带来的风险。

所以我们可以看到,"从更高的维度思考问题 = 主次维度+时间维度+空间维度+认知维度+概率维度",这其实就是一种"公式化"的思考方式。这个"公式"会从理性的层面确保你想问题更全面、更深刻,但却并不能在感性层面让你变得更豁达和更智慧。因为豁达和智慧需要的是时间和经验的积累和沉淀,需要你一遍遍地重复使用公式并不断地反思,推陈出新。

孔子说:"吾十有五而志于学,三十而立,四十而不惑,五十而知天命,六十而耳顺,七十而从心所欲,不逾矩。"人到五十岁,方才看淡一切,乐知天命;到六十岁,方能平心静气地接纳各方建议。你若真的见多识广,很多事就放得下了。并不是因为事情不重要,而是你经历过了,内心已然是有数的。

那么如何更快速地提升自己面对问题的"态度+方法"呢?我们可以从内外两个循环来看。

1）内循环：多读书，多思考，多实践

这三者相辅相成，缺一不可。同样都是工作三年，同样的工作质量，你做过20个项目就比他只做10个项目更有经验。"多"意味着"勤"，你必须真的很努力，才会看上去毫不费力。

2）外循环：跟对人，做对事，顺对势

这三者相互依靠，用好了可以帮助你达到指数级的飞跃。跟着靠谱的人，做正确的事，顺应社会发展的必然趋势。有时，**选择比努力更重要**。"对"意味着有"判断"和"运气"，你的价值观要基本正确。

第 2 章

工作经验丨脚踏实地，精益求精

本章内容将为你解答与设计工作过程相关的 40 个问题，不论你是否从事设计行业，这些回答中的经验都会给你一些启发和帮助。

相比于学生时代，职场有了新的评判标准。你在职场中的成长速度，约等于你抛弃"学生思维"的速度。本章对于这些职场常见问题的解答，会帮助你建立正确的职场认知，更加积极地应对和克服工作中的困难。

031 前端的设计稿还原度低，设计验收难，该怎么办？

验收前：从源头减少问题的产生。
验收中：整理好设计验收记录。
验收后：以制度克人心。

一位同学和我说，作为交互设计师，他长期以来被前端还原度低的问题困扰。他向我诉苦道："前端开发的设计稿还原度只有 70% 左右，我们这些设计师要反复校对，大量的时间都浪费在沟通上面，导致验收的时间基本跟设计周期一样长。而且更糟心的是，公司大老板总认为产品上线后的页面质量差，是因为设计师验收不到位！"

然后他很无奈地问我："您说这种情况正不正常？有没有什么好的建议能改善它呀？"

设计验收是每个设计师都会经历的工作流程，我也曾被这类问题困扰过。前端开发的设计稿还原度也一直是很多团队在努力提升和克服的协作问题。遗憾的是，目前暂时还没有什么捷径可以用来完成设计验收。不过在设计验收前、中、后的三个阶段，从人和事的角度入手，还是有些经验可以分享的。

一、验收前：从源头减少问题的产生

设计稿还原度低的一个重要原因是开发对于设计稿的细节忽略或理解有误。这种误差，可能存在于设计师与前端的交接工作过程中，也有可能缘于前端对于设计细节并不敏感。设计师在一开始的设计稿交接过程多花些力气，在后期设计验收时就会更省力。所以在验收前，你需要做的事有以下几件。

1.重视设计交接的过程

这种交接过程，包括设计稿的设计说明和与开发的直接沟通，要尽可能地消除双方的信息差。在你们对接细节信息的过程中，一是要确定开发对于细节理解得准确无误，二是如果有开发难以实现的效果，需要设计师再找可行的替代方案。

2.总结常见问题的共性

对于设计走查中出现的常见问题，你可以梳理出共性，将它们分组，找到更加有针对性的解决方案。

- 总结基础规则：设计师可以总结开发常会出现的高频问题，比如间距、字号、字重和颜色等细节问题，整理出基础规则列表，避免类似问题一再发生。

- 沉淀通用组件：设计与开发在组件层面完成一致性对齐，在组件上的细节分毫不差，在实际应用中就可以减少很多二次修改的时间，开箱即用，减少错误的出现。
- 对齐 Design Tokens：Design Tokens作为设计规则的底层架构，可以被用作设计稿和开发稿的沟通语言。相关内容请查看"027 什么是Design Tokens，有什么作用？"这里不再赘述。

3.加强开发的自查能力

在完成开发后，先进行一轮开发自查，自查的方式以开发习惯为主。这就好像你在考试交卷前，自己检查一遍试题答案再交卷子，以减少犯错的概率。

设计师可以和开发一起做一份基础的"开发自查表单"，表单中收入开发经常出错的基础问题，颗粒度和形式不限。在完成设计稿开发之后，可以先由开发针对自查表单里的内容进行自查。当这些基础内容没有问题之后，再交由设计师做更深一步的设计走查。

1. 间距问题

☐ H1 标题与 16 号文字之间的间距为 24px

☐ 输入框标题与输入框之间的间距为 8px

☐ 两个单选项之间的间距为 8px

2. 字体问题

☐ H1 标题字重为 700

☐ 16 号文字的字重为 400，中文使用黑体，英文使用 Roboto

一份简单的开发自查表单局部示例

有些小厂开发人数不多，设计师也可以尝试着给开发做几轮简单的"基础培训"，介绍设计过程中的关键细节、需要注意的设计变化，以提升开发的细节感受力，也可以达到"磨刀不误砍柴工"的效果。

二、验收中：整理好设计验收记录

对于验收过程中的设计稿验收问题，要注意整理和存档。最好使用公开的实时文档、项目排期进度看板等工具，做到全员可见，作为重要的工作证据和追溯资料。

通常来说，设计验收的输出物没有严格标准，可以是文档、表格、项目看板、代办项列表等。设计师可以结合自己的工作状况和习惯，自行处理和输出。不过虽然形式不限，但是几条验收记录的工作原则还是要注意一下。

1.明确目标

设计验收记录中最重要的是：说明问题出现的原因和想要达到的目标，以便于让所有相关人员明确需要完成哪些工作，工作完成的标准是什么，以及应该何时完成工作。

2.实时更新

设计验收的记录和结论要及时共享和同步给所有相关人员，并在相关人员完成任务后及时更新进度。

3.做好存档

每次验收记录的命名可以以日期结尾，做好存档。每轮验收和验收出的每一个问题都要指定到唯一负责人，便于问题修改、沟通和追责。

三、验收后：以制度克人心

如果验收效果实在不佳，那么除了追责到人，督促他修改问题，还要究其原因，也就是查清楚他为什么会犯这样的错误，是不是经常犯错。工作态度是感性而难以约束的，但是工作质量却是可以使用数据统计、通过分数换算进行评价和判断的。

很多时候，能用制度解决的问题，就不要用道德去约束。你可以尝试建立起简单的"还原度评价体系"，对开发的工作质量进行评估。对于还原度高的开发，还可以给予精神或物质上的奖励，以制度规范行为。

清代名臣曾国藩在创办湘军的过程中，就曾经用制度解决别人用道德去解决的问题，并饶有成效。当时的军队战士在打仗时不会保护将领，导致数位优秀将领折损战场。于是曾国藩颁布新制度：如果一个军队中的将领战死，除非本部有其他受拥戴、能胜任的将领继位，否则全军队就地解散，军队战士均遣散回乡，另行招募。这一制度使部下在打仗的时候都会全力保护自己的将领，因为只有保住将领，自己才会有更好的前程。保护将领本来是一种道德要求，但曾国藩通过制度将它变成了符合下属自身利益的一种行为，寓利于义。

曾国藩的智慧，是不是能够给你带来一些启发？举个夸张点的例子，如果将开发在设计验收时的错误数量和严重程度与其工作的绩效考核挂钩，也许更能引起大家的重视。

032 产品的"设计原则"真的有用吗？该怎么用？

产品设计原则真正好用之处不仅在于原则本身，更在于使用原则的方式。

一位同学向我请教关于"设计原则"的问题：

"最近我的领导让我制定整个产品的设计原则。我理解就是'一致性''安全性''高效性'这种词，结合产品特点总结和扩展一下。但是我不知道这样做的意义是什么，写完了也没人去遵守，这不就是'纸上谈兵'吗？！"

一提到"设计原则"，想必有很多同学会觉得有些无奈。的确，"一致性""安全性""高效性"等通用原则，作为一个合格的体验设计师基本都已烂熟于心，那产品设计原则到底是在规范哪些内容？还有制定的必要吗？

我个人的观点是，对于一款产品来说，制定"设计原则"很有必要。产品设计原则的真正好用之处并不仅在于原则本身，更在于使用原则的方式。下文分享几条相关的工作建议，希望对你有启发。

1.让设计原则"向前看"

很多设计师在制定设计原则时，都会参考已成形的设计原则，比如"产品设计十大原则""交互设计七大法则"等，这么做也不是不可以，但是真正有效的产品设计原则应该是与产品及其所在行业深度绑定的。在制定一款产品的设计原则时，你可以从以下几个方面入手进行整理：

- 行业属性和发展方向；
- 企业和产品的使命和价值观；
- 产品的特点和主要功能；
- 产品未来发展的理想目标状态；
- 产品在用户心中应该是什么样的；
- 产品在使用中要避免哪些情况，等等。

你要建立起以下两个认知：

（1）设计原则不是对于产品已有状态的总结，而是对产品未来发展方向的指引。

（2）设计原则不是对于设计能力的限制，而是可以帮助你做出理想产品的说明书。

因此，在制定产品设计原则的时候，要在立足当下的基础上，向前看。另外，要做到条数少（5条以内为佳）、字数少（个位数为佳），简单才有力量。

2.为设计原则排出优先级

在设计原则写好之后，还有一个重要环节：排列这几条原则的优先级。

因为在我们日常设计工作中，每一个设计决策后面，其实是设计原则在起作用。尤其是在资源有限的情况下，设计原则的优先级尤为重要。

举个实际工作中的例子：

我们团队中的两位设计师曾遇到一个问题：某个页面中的某个信息提示模块，应不应该去掉？

设计师 A 认为不能去掉，因为在这一步前的与之排版一致的页面都有这类信息模块，要遵守产品设计原则的"一致性"。

设计师 B 则认为应该去掉，因为当前页面并不需要这类信息提示，它们对用户的阅读流程反而构成一种干扰，理由为产品设计原则中的"简洁性"。

遇到这种各有道理的情况，可以根据设计原则的优先级来做设计决策。如果设计原则中"一致性"高于"简洁性"，就听 A 的，反之则听 B 的。

小到"某个元素是否应该去掉"，大到"整条流程是否应该简化"，都可以通过设计原则的优先级来做判断。

3.将设计原则同步给上下游

要知道，"制定设计原则"不是最终目的。我们的目标是设计出更好用的产品，创造出更优质的用户体验。这不仅是设计师的目标，也是产品方、业务方、开发的目标之一。

产品的设计原则，在设计师与上下游协作的过程中其实是一种工具，起到两个关键作用：

（1）从设计师视角给出输入，帮助整条产品线和业务线更好地定义产品规划。

（2）帮助设计师与上下游团队拉齐信息，对于产品体验的理解达成一致。

所以在制定产品的设计原则时，也可以收集上下游其他合作团队的意见，从多个视角整理信息。完成后也要跟合作团队做发布和宣讲。

4.让设计原则时时可见

评价设计原则的质量好坏的指标之一是：能否被时常落地应用。

在制定好设计原则后不要将它束之高阁，而是要放在最显眼的地方，一眼就看得到，时时提醒相关的设计师注意应用，直到变成一种设计习惯。

你可以将设计原则做成有趣的贴纸、办公摆件或团队工作系统里的滚动海报，对相关方进行提醒。

希望这些建议对你制定产品的设计原则有帮助。

033 如何说服他人认可自己的设计方案？

你觉得自己专业和别人觉得你专业，是两回事。先自我论证，再换位思考

有位W同学和我说他最近在工作中设计评审时遇到了难题。他有些无奈地说："我的设计需要老板和运营经理评审，但是他们跟我的审美又不一样。"

接着他举了个例子：

"我跟随一些设计流行趋势，在产品顶部加入弥散光的元素，我觉得这样很好，可以烘托整个产品的色调和氛围，但是老板和运营都觉得这样不好看。我也尝试着从设计角度和专业去说服他们，但是他们说自己以前也做过设计，斩钉截铁地否定了我的设计方案，让我重新修改。这就让我最近的工作很迷茫、很累，想请教一下该怎么办，是继续跟他们争论还是顺从他们的想法？"

其实我经常会遇到同学向我提问类似的问题：

- 开发问我主色为什么选择这个颜色？为啥不直接用大厂组件库的主色？
- 我们作为设计师觉得方案很好，但是运营同事觉得这种设计改动意义不大，该怎么才能说服他？
- 我该怎么用专业的方法来说服其他非专业的同事，这个功能的交互方式是更合理的？

作为体验设计师，我们与产品、开发等同事的沟通环节必不可少。在沟通的过程中有几个认知需要先建立起来。

1.你觉得你自己专业，和别人觉得你专业，是两回事

很多同学认为自己是设计师，出设计方案当然是自己更专业。但是说服他人，重要的不是你觉得自己专业，而是让别人认为你足够专业。在语言表达和设计原理的阐述上，你要想想如何让他人觉得你很专业和可靠。

2.适当地折中和妥协，并不意味着没有原则

其实评审中"谁说服谁"并不重要，重要的是"方案最终能否在预期的时间点完成上线"以及"问题是否能得到解决"。其实在大多数情况下，设计方案本身没有绝对的优劣之分，更多还是在平衡包括成本、资源、公司战略、新老用户需求等多方的因素后，达到折中的最优解。所以从单一的设计视角，我们都无法百分之百地确定我们的方案就是最优解。

多听听他人的意见，这个时候适当地折中和妥协，并不意味着没有原则。有时他人的意见和问题可能给你带来新的思路。

3.实时沟通，征求他人意见，而非通知结论

在设计过程中，多注意信息的实时同步和进展上的沟通。很多工作都需要各方通力协作，大家是一个团队，需要尽可能消除信息差。更多情况下，你抛出来与大家讨论的设计内容，**应该是方案，而不是结论**。在过程中随时征求他人的意见，也是一种对他人的尊重。

建立起以上认知之后，我们还需要从"自我论证"和"换位思考"两个方面建立说服他人的思维方式。

一. 自我论证

想要说服别人，先要说服自己。在他人质疑你之前，你可以先学会"质疑自己"，这意味着你的产出设计内容需要有理有据，用理性分析代替感性喜好，而并非一时兴起的主观臆断。这种有条理的陈述可以分为以下两个部分。

1.整理最初的设计动机

结合产品的需求、用户群体特征和公司的发展需要，总结为什么要做设计优化，如果能有数据的支撑，会更有效。

比如对于W同学"为什么选择在产品顶部增加这种颜色和效果"这类问题，不是从"美与丑"的感性角度出发，而是应该在选择颜色时：

- **结合行业/产品背景**：了解行业大背景、整体风格，你挑选的颜色可以更好地彰显产品行业的属性。
- **结合品牌特性**：与企业产品的品牌特性相呼应，新增颜色沿用企业品牌的配色方案，可以在一定程度上保持品牌对于用户心智的一致性。
- **分析用户群体**：通过对企业/产品的用户群进行分析，找出群体特点和性格偏好，增加这种颜色和效果也更贴合用户的喜好。

2.寻找有力的理论背书

提供有足够分量的理论支撑。你可以使用经典的、被行业广泛认可的设计理论或设计标准为你的设计方案做背书。他人能够持续提出疑问，有时也是因为你提供的依据不充足或不够有分量。

继续上文"为什么选择在产品顶部增加这种颜色和效果"这一问题，你可以从以下角度来做论证：

- **参考 WCAG（Web Content Accessibility Guidelines，网页内容可访问性指南）中的无障碍设计标准**：新增颜色可以增强关键信息的对比度，在对比度合适的范围中，颜色在搭配场景中对比度越高，越有助于视障人士的阅读。
- **应用学科具体理论**：通过色彩学中的邻近色、对比色、互补色、衍生色、明度、饱和度等概念，比较和分析增添颜色前后的差别。

二. 换位思考

这里说的换位思考，是要思考两个方面的问题：

一是他人的目的，即对方为什么会问这个问题？为什么会质疑你的方案？他更关心的、更需要的是哪些证据？

二是**对他人的影响**，即你的设计结论会对他人的工作带来什么影响？是否会为他人带来超过预期的工作量负担？

基于这两点，下面几个方法可以帮助我们更有效地提升说服力。

1.有针对性地寻找设计依据

你可以尝试判断出他人的问题类型，有的是单纯地想要了解更多的专业知识，有的则是基于自己的行业经验做出的判断。在你做解释之前，充分了解他人产生疑问的原因，可以帮助你更有针对性地寻找理论和依据。

比如，W同学的运营同事，可能在之前的工作经验中应用过类似的视觉效果，但得到的用户反馈并不理想，所以才给出了反对的建议。如果W同学用竞品成功的实际案例和用户数据佐证自己的设计，或者分析这两种应用场景其实并不相同，会更有说服力。

2.权衡成本，提供备选方案

评审时，你有可能发现设计改动会带来他人工作成本的增加，这时他人对你的质疑，更多的是一种表达反对的自我保护的方式。这个时候，适当做出让步，如果能够提供与现有设计相近的、工作量低的备选方案，通过的概率也会增加。

3.站在多方视角，分析设计优势

对于大部分同学来说，一场交互评审会涉及产品、前端、后端等多方人员参与，除了你的设计内容自身合理之外，你也可以尝试站在其他相关方的角度，进行方案的优势陈述。这样做可以让他人更容易和你统一战线。

比如对于"设计稿中为什么选择组件 A 而不选择组件 B"这类问题，你可以：

- **站在前端开发的立场**：组件 A 是在已有组件的基础上做的优化方案，开发起来更高效；或者因为组件 A 以后还会有应用场景，这次设计和开发之后，可以就此沉淀出新的组件，可以高频复用；等等。
- **站在业务方的立场**：组件 A 这样的交互方式可以激发起用户兴趣，提升点击率和下单率；或者这样的组件很常见，符合用户对于产品的预期，用户就可以把更多的精力放在产品内容上；等等。

希望以上这些经验和思考方式，会让你设计的方案更有说服力。

034 同事向我交接工作时条理不清，我该怎么办？

你可以先让你的同事知晓你的感受，告诉他你需要更清晰的逻辑，以及希望他用怎样的表述方式，给出怎样的内容。

S同学兴冲冲地问我："如何合理地向领导反馈同事之间合作的问题呀？"怕我没太懂，又补充道："同事人是不错的，但是思维比较混乱。工作交接到我这也是混乱不清、前言不搭后语的。这样下去会影响我这边的工作。我想和领导反馈，但是又不想搞得像'告黑状'一样……"

这次和以往不同，我没有直接给他答案，而是先反问他："为什么你想跟老板反馈这件事情呢？你反馈后想要达到的结果是什么呢？"

很显然S同学并不是对同事有恶意或有反感情绪。他想找领导反馈的目的也只是希望领导可以帮他"管一管"他的同事，让他可以从该同事那里顺顺利利、清清楚楚地拿到需要完成的工作而已。不过这样做真的有效吗，真的就是好办法吗？

其实在我看来，整件事情的突破口是在S同学和他的同事身上，与领导无关。所以我推荐他在找老板之前，先尝试以下几个方法：

1.将你的诉求传达给同事

你的同事可能并不知道你对于哪些内容不了解，他或许以为这部分内容你已经了解了，所以不用讲；或许还以为那部分内容对你来说不重要，所以也不用提。这其实就是你们之间的信息差。

你可以先让你的同事知晓你的感受，告诉他你需要更清晰的逻辑、更翔实的内容描述才能开展工作，以及告诉他你希望他用怎样的表述方式传达给你。

2.你来帮助同事厘清思路

如果你发现有很多内容你的同事还是没有说清楚，可以把你需要了解的内容罗列出来，接着就像做用户访谈一样，一对一地和他做问答。

能将信息分门别类并清晰地描述和传达给他人，是一种优秀的职业素养。并不是所有人都具备这种能力，描述得不清晰其实才是人之常情。所以与这样的同事交接，你可以更主动、多思考和多做一些准备。

3.让同事以他擅长的方式做交接

也许你同事的语言表达能力欠佳，但整理文档很有思路和条理，那也可以让他使用文档的形式来做交接。有些内容说不清，但写出来就会很清晰，也可以保留一份存档，用于日后的工作追查。

其实交接工作就是需要磨合和相互理解的过程。在磨合的过程中慢慢发现和解决问题，才会建立起彼此的信任关系。

如果S同学先和他的领导反馈这件事情，其实既不能解决当下存在的沟通问题，又对建立同事之间的信任关系没有好处。S同学不是为了向领导发牢骚，也不是为了给领导添堵，更不是为了向领导证明他比同事更强。所以我建议S同学先跟他的同事沟通和协调。

希望这些建议和方法也对你日常的工作协同有帮助。

035 如何向不同岗位的同事阐述自己的设计方案？

你所讲的重点内容，应该是他人的重点关注。对方不是设计专业出身，相比于你的设计手法和过程，更关心的是最终的产出和结果。

作为体验设计师，相信你一定也有过向不同岗位的同事介绍和描述自己的设计方案的经历。Y同学有一天就问了我这样一个问题："我该怎样向产品、开发、业务人员清晰简洁地阐述设计方案呢？我们最近在做一个项目改版，设计方案需要评审。我要是讲得太细致，就感觉都是细节，但是没讲到的细节，对方又会问我。我该怎么控制这个讲解方式呢？"

其实在做设计方案介绍时，你需要关注的最核心问题是：你所讲的重点内容，是不是他人的重点关注。基于这个认知，我给Y同学分享了以下几个经验。

1.确定目标，做好规划

在做一场设计稿的介绍或评审会时，首先要确定会议的核心目标。也就是大家希望通过这场会议：

- 了解哪些信息？
- 达成哪些共识？解决哪些问题？
- 重点关注哪些内容和环节？

会议的核心目标可以帮助你在讲解设计稿的每一部分时，做好时间规划和精力分配。

2.结论先行，过程后补

给其他部门同事做设计方案介绍，最忌讳做成设计过程的研究报告。因为对方不是设计专业出身，相比于你的设计手法和过程，更关心的是最终产出和结果。所以你可以先说设计成果与结论。

如果大家对结论没有异议，设计研究过程和证据可以暂时不说，等到会议结束前，如有剩余时间再做补充和分享。

如果大家对设计结论的专业性和正确性产生了疑问，也可以根据大家的问题，有针对性地挑选相关的设计研究作为证据，进行解释说明。

3.叙述有序，引导听众

对于设计稿页面的叙述要按照一定的顺序展开。这个顺序可以是用户使用产品的操作顺序；也可以是先看重点流程的页面，再看次要分支功能的页面。按照一定的顺序叙述方案可以让听众更好地跟住你的思路，不容易迷失。

你也可以在会议刚开始时，先跟大家介绍此次设计稿所呈现的重点内容是什么，以及你会按照什么顺序来描述你的设计方案。先用一两句话概述，也会让大家对会议内容有更多的预期。

4.分清主次，控制时间

人的注意力是有限的。除了先说主要内容、后说次要内容，你还要控制每一个部分在描述时所用的时间。你可以在会前利用10分钟左右的时间，把会议的主要内容大纲写出来，每个部分做好时间分配，在脑海里先做一遍预演。

如果在实际会议中有哪个部分存在过多问题，可以先将问题记录下来，会后再做讨论。不要在单一话题上停留太久，那样会影响整体的会议流程，让会议变得冗长。

5.形式追随内容、强化内容

好的呈现形式也是成功的必要条件。呈现的形式不要浮夸，而是要依赖内容，**能够强化出重点内容的形式才是好形式**。必要的时候，简单的demo（原型演示）也会减少很多沟通时间，帮助你将设计方案表达得更清晰。

希望这些建议可以帮助你更好地完成设计评审、阐述设计方案。

036 为什么我做不出"设计作品"，只能做"业务人员"？

设计的真正价值是服务社会，"服务"这个词并不简单，很多情况下要求你提供的不是"最好的"，而是"最适合的"。

Y同学有一天和我说："我感觉我虽然被称为设计师，但却没有什么自己的作品。工作过程中产生的'产品'受到多方面因素的制衡，而设计往往不是最重要的一个。"

她继续黯然补充道："我大学的专业是工业设计，怎么说也都还是有自己'作品'的感觉的，也有拿着自己作品去参加比赛获奖的快乐。但工作到现在，却感觉自己更像一个业务人员。"

其实Y同学的这个疑惑，很多设计师都经历过，我自己也对此感同身受。我在大学时的专业和Y同学一样也是工业设计。那个时候不论是参加设计比赛还是完成课程作业，都是以个人或小组同学一起设计出一件完整的产品作为成果交付。而这种"作品感"和从老师那里获得高分数或拿奖后的"成就感"，在工作之后的项目中的确越来越难感受到了。这种问题出现的原因，我们在"039 产品体验不佳，老板却说不用改，我该怎么办？"中也有提到过。这里再给大家做一些补充。

1.职场上的评价机制与学校不同

在学校里我们自己规划学业课程、完成自己的作品，大部分作品也都不需要产生商业价值，质量和成果更多取决于你的设计认知和专业能力。这种情况下，对于评价的标准相对单一，高分数、得奖的奖项和数量，就足以证明你的能力，让你获得成就感。

但进入社会，很多事情并不是由我们能够规划和制定的。我们都是打工仔，要为项目、为公司做事情。与此同时，理解、沟通和合作能力是做成一件事情的首要因素，职场的工作更强调团队协作。这种情况下，评价的标准就更为多元化，刻度会变得模糊，个人的成就感会被弱化。相对地，属于你自己的、能被你自己决定的"作品"也不复存在。

2.设计的真正价值是服务社会

"服务"这个词并不简单，很多情况下要求你提供的不是"最好的"，而是"最适合的"，不仅要适合你的用户，还要适合你的公司、你的项目、你的团队，因为这些都是社会的组成部分。

可以说，设计本身就是一个多方平衡和博弈的过程。真正好的设计，也一定是多方共同协作的结晶。即使是一部 iPhone 手机，作为最伟大的商业产品之一，在设计过程中也一定包含了很多设计师的妥协。

3.在能力没有达到一定高度之前，耐心地做个业务人员

如果你想来规划属于自己的"设计作品"，那你就要做决策人，你的权力必须要足够大，能力要足够强，也同时要能够承担起风险与责任。

乔布斯可以对下属说："iPhone 手机的正面不能多于一个按钮，做不到你们就都滚蛋！"但你却不能对产品经理或者开发人员说："我就是要做这个交互样式，做不到我就不和你们合作了！"

因为你没有权力，也没有一呼百应的能力。所以在能力没有到达这个标准之前，我们就先耐心地做好自己该做的事情，不断地精进自己，厚积才能薄发。

037 设计师在日常协作流程中，应不应该占主导？

设计师不应该占主导，"设计思维"才应该占主导。设计思维的"布道"工作也应该被当作是设计师的职责之一。

C同学有一次聊天时，问了我一个很值得思考的问题。她的问题是这样的：

"作为交互体验设计师，你心中最理想的设计协作方式是什么样的呢？或者说你希望设计师和产品、开发配合的方式应该是什么？为了保证产品的体验，设计师是不是应该占主导呢？"

我想了想，给了她这样的回答："我认为设计师不应该占主导，'设计思维'才应该占主导。"

我在日常工作中经常会和来自英国的设计团队一起沟通和交流。有一次，英国设计师对于我们整体业务线工作现状和协作方式谈了谈感受。他们也提到了一些很理想化，但也很有启发的想法，正好可以回答C同学的这个问题。

英国设计师认为，用户体验这件事情不仅仅是设计部门要去考虑和执行的事情，而是整个产品、整个业务线中的每一个部门都应该去考虑的问题。我用不同部门的分工给大家举一些例子。

一、业务团队

"这一轮产品升级，我追求的是质量还是速度？"

业务方通常会决定产品的战略和大方向，这就要考虑清楚产品要先保体验质量还是先保产出速度。如果要先保速度，争取最快时间上线，那也要确定**体验质量最低分**是多少，是"60分及格"还是"30分能看"为最低水平线。

二、产品团队

"这个小功能，我加还是不加？"

产品方来决定的是**功能的必要性和优先级**，判断哪个功能对用户来说更重要，是否能够帮助用户达到目的；哪个功能更值得重点投入时间和精力去打磨；哪些信息需要提前透传给用户；等等。

三、设计团队

"用户的流程和行为，这样是否最优？"

设计师来提供满足用户体验需求的设计最优解。设计师需要基于业务和产品给出的信息和需求、基于用户视角，来判断产品的整体流程和局部交互行为是否为最优解，即在完成产品和业务目标的前提条件下，怎样做才会让用户在使用产品时更轻松，让用户的利益和需求得到最大满足。

四、开发团队

"从技术和系统的层面，如何减少障碍，保证用户的使用体验？"

开发需要保证设计方案的还原度，以及在极端情况下有恰当的解决方案。比如因为某些客观因素的影响，用户行为链路受阻，尤其是设计师无法预料到的突发情况中，如何最大程度地减少用户损失、安抚用户情绪，给出恰当和有效的解决方案。

综上来看，一个用户体验良好的产品，从最一开始的业务和产品目标制定，就应该对用户体验做出明确而有效的规定。而在之后的每一个协作环节，每一个团队也都要以目标为导向，应用和落实这种"以用户体验为基础的设计思维"。

因此，"以用户体验为基础的设计思维"并非只是设计师的一技之长，也不是用来解决产品问题的善后工具。**它要存在于整个产品诞生过程中每一个相关者的脑海中，贯穿于产品从诞生到完善的整个流程**，才能被植入产品的基因中，让"做好产品的用户体验"不再成为一句空话。

但我们在问题"039 产品体验不佳，老板却说不用改，我该怎么办？"中也提到过，对于很多产品、业务和公司来说，好体验并不能支撑它们活下去。有时"快"比"好"更重要，"能用"比"好用"更有价值。虽然"理想很丰满，现实很骨感"，但作为有主观能动性的优秀设计师，这种设计思维的"布道"也可以被当作我们日常工作的职责之一。

读书的时候，我总希望可以用设计改变世界。现在发现，能用设计思维影响到身边的人，也是一件很有意义的事情。

038 如何在常规需求中总结"设计亮点"？

业绩型亮点、经验型亮点、创新型亮点。针对不同类型的亮点，有不同的总结和沉淀方法。

来看看这位同学的问题，你可能也会有同感：

"请问如何从常规的需求里提炼工作亮点？我的现状是做了很多的项目需求，画了很多功能，也做了很多细小的优化。但对于亮点总是缺少总结的方向，请问该如何总结工作亮点呀？"

其实这种情况相信很多同学在工作中都会经常遇到。我们先来看看"亮点"指的是什么。我认为主要分为三类：**业绩型亮点、经验型亮点、创新型亮点**。针对不同类型的亮点，有不同的总结和沉淀方法。

1.业绩型亮点

这类亮点重点在于如何用设计为你的业务赋能，支持业务取得漂亮的业绩。换句话说，设计能够直接帮助产品产生经济效益的大幅提升，就可以算得上是亮点了。

针对这类业绩型亮点，最直接的体现就是业绩数据。对于 C 端产品来说数据是比较容易看到变化的，但对于 B 端产品来说可能就需要采用更多的方式获取，分析后才能得到。

这就需要设计师养成收集用户体验数据和信息的习惯。利用数据对比，不仅可以体现设计价值，也可以为你的设计改良提供新的指导和方向。"012 获取用户数据，有哪些低成本的方法？"提到过收集数据小而美的方法，你可以翻看一下。

2.经验型亮点

经验型亮点，指的是你在设计的过程中用到的设计思路和方法的沉淀，总结出的通用的设计经验，并可以扩展和应用到其他类似的问题中。因此这种经验的沉淀，不仅可以帮助设计师高效地解决设计问题，还可以帮助整个设计团队提升效能。

针对这一类设计亮点，不仅是专业方法的总结，还包括工作流程的优化。任何一个小需求，都可以作为一个突破点，你可以尝试找出这些需求的共性特点，去思考未来类似的场景中是否可以应用统一解法。

举个实际工作中的小例子：

我们做海外业务，发现很多设计需求是：产品的中文在被翻译成多国语言后，在排版上需要重新优化和调整。于是我们尝试沉淀"多语言设计解决方案"，以应对未来会遇到的更多类似的需求问题，提高解决问题的效率。我们也在对业务组件进行优化，从根源上减少这类需求的产生。

如果你的设计经验沉淀可以节省团队20%及以上的工作时间和精力，当然也是一种设计价值和亮点的体现。

3.创新型亮点

创新型亮点，我认为可以分为以下两类：

一类是设计师利用设计思维，自发补足产品经理没有想到的**功能优化或体验方案升级**。

另一类是设计师在设计过程中产生的行业中未有过的、**创新的解决方法和表现手段**。

很多情况下，产品经理的原型图中给出的交互方案都不是最优解，这些方案"能用"但不一定"好用"。作为设计师，我们也应该更主动地探索新的优化方案。当你通过对产品、用户进行深入了解，从设计侧提出了更合理的功能优化方案，或是利用设计思维，对产品经理提出的需求进行合理调整，也会达到意想不到的效果。而这些效果以及其背后的思考逻辑，就是你的设计亮点。

如果在需求完成的过程中，你的设计思路、解决方法是你的独创，那么可以通过申请专利对自己的创意进行一些保护，同时也可以证明其价值。

039 产品体验不佳，老板却说不用改，我该怎么办？

设计不是万能的，也不是必须的。老板并不是看不到，他只是暂时不需要。

有位同学跟我说他最近遇到了一个比较麻烦的情况，他是这样描述的：

"我们的新产品，要求基于总部那边定义的前端框架和样式去做。但因为他们没有让设计师参与新产品的设计，所以产品整体的框架样式不好看，还有很多组件在场景中使用错误。但是领导明确要求不做改动，并且新产品要遵循总部的'一致性'。在我提出问题后，领导也没有给出任何反馈。这让我现在有种在'烂'产品上继续'摆烂'的感觉！作为体验设计师，我现在应该怎么办？是忍着继续做还是该奋力反抗？"

对于这位同学正在经历的困扰，相信很多同学都能够感同身受。我自己也遇到过不少类似的情况。

设计部门在很多公司都属于支持部门，为其他部门提供必要的服务和帮助。这个部门定位不是我们作为设计师可以去挑战和调整的。再者，很多业务在某些特定的时期，也并不是以用户体验为出发点来构建和优化产品的。这就会导致很多设计师对于工作渐渐丧失了作品意识，有一种力不从心的感觉。

遇到这种情况，我通常会这样思考和处理：

1.设计不是万能的，也不是必须的

手里拿着锤子，看哪里好像都是钉子。设计师是和用户打交道的人，最容易做的就是放大用户体验的价值。

但很多时候，业务的目标并不仅仅是好的产品体验，有时"快"比"好"更重要，"能用"比"好用"更有价值。在不以设计为核心的公司和业务中，配合业务完成目标是设计师最基础的本职工作，也是最重要的事情之一。

虽然优质的产品和极致的用户体验，是我们每个职场人一直在努力和追求的目标，但是对于很多产品、业务和公司来说，好体验并不能支撑它们活下去。如果条件允许，没有人会抗拒好产品和好设计。所以，领导并不是看不到，他只是暂时不需要。

2.尝试使用小步迭代的工作方式

对于最核心、最基础的功能或关键节点的设计研究还是可以做的，但要注意抓住主要矛盾，即仅对于每轮需求中的重点核心问题做设计突破，且尽量选择高效且低成本的研究方法。交互和体验也尽可能地借鉴现有的成熟产品方案，站在巨人的肩膀上，可以节省很多时间和成本。

另外可以尝试说服产品增加用户的快捷反馈通道，一边上线产品一边收集用户反馈，作为产品日后迭代升级的依据和设计方向。

3.做好记录，等待优化的机会

接到这类设计需求，设计师不要"自暴自弃"。一些与产品整体用户流程、页面布局框架上的相对底层和大范围的设计优化，**如果你有好的想法，就找个固定的文档记录下来，做好存档**。未来如果该产品有更新迭代的机会，也许就能派上大用场。

即使最后没有机会迭代产品，或者产品没有同意采用你的预设方案，在这个工作过程中的设计思考和探索，同样是对你能力的培养和锻炼。

作为产品用户体验的主要一道防线，该说的我们一定要去说，该做的我们也要去做。虽然很多时候结果并不是我们能够控制的，但过程比结果更重要。

040 刚进入B端行业，如何深入了解业务呢？

由点及面、由果及因、由外及内。学会从简单开始，并善于向他人请教，不要急于求成，有的时候走得稳比走得快重要。

我日常的工作业务以B端产品体验设计为主。而作为 B 端设计师，最重要的能力之一

就是理解和洞察业务。我也经常会被很多同学问到这样的问题："刚进入B端行业，常被人说不够懂业务，有没有什么好的方法和技巧可以快速入手项目呢？"或者"怎样才算是充分理解和洞察业务呢？"

想要成为一个合格的B 端设计师，**我认为对于业务理解和洞察的程度应该是：没有"最充分"，只有"更充分"**。B端项目通常都比较复杂和枯燥，因此这种"理解"是一个抽丝剥茧的过程，不是短时间内就可以完成的。

诸如多读书、多积累、多沉淀这类建议我这里就不说了，给大家分享几条我自己在业务工作中总结出的实用的业务理解和学习经验。

先来说说理解业务的方法有哪些。

1.由点及面

最简单和直接的方法就是：**把握住你正在做的每一个需求**。从每一个小的需求入手，这些需求就是整体业务的子模块。把一个个由你完成设计需求搞懂，**再找到需求和需求之间的联系和逻辑关系**，之后尝试串联起整个业务。

每做一个小的需求，就像完成一次战役，点亮一块领地。这样做既可以在自己负责的模块中稳扎稳打，也可以为业务整体的体验优化做储备。

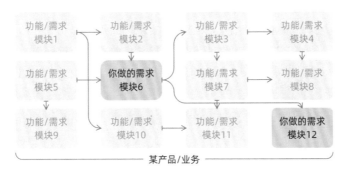

产品/业务的子功能或需求模块

所以你需要做的是：

（1）**设计过程中多一点思考。**

在每个需求的设计过程中，思考它与其他需求模块之间的逻辑和关系，也可以帮助你更全面地理解当下的需求，查缺补漏。

另外，每一个设计需求都可以尝试用两三种不同的解法来完成。想出多种合理的设计解法，也是不断思考和理解产品的过程。

（2）**承接任务时多一点主动性。**

在需求完成后，你可以主动向领导提出自己希望承接与之相关的其他需求，尝试为自己争取更多深入学习的机会。

2.由果及因

接到需求，既要知其然，还要知其所以然。当产品给到你需求时，不仅是完成需求，还要去究其原因。

- 为什么会产生这个需求？
- 产品侧为什么要选择这样的解决方案？
- 用户真正想要的是什么？
- 是否可以从设计侧对逻辑进行优化，等等。

当你能够"挑战"产品的PRD并被产品方和业务方认可，对业务的理解也自然会更上一层楼。

所以你能够做的是：

（1）参与产品和业务方的工作过程。

产品和业务方是你的资料来源，你可以主动参与产品或业务方的工作流程中去，多向他们请教和寻求帮助，避免"想当然"地做设计。

（2）明确产品和业务的目标。

对于优秀的设计师来说，PRD的内容只是"待办项"，不是最终"需求项"。比PRD更有价值的是产品和业务目标，PRD对于实现产品需求和业务目标来说，并不一定就是最优解。从"业务需求"和"产品需求"推导出的"设计目标"对设计稿的产出更有指导意义。这一点我们在"002 合格的体验设计师，应该如何完成设计需求？"中有详细介绍。

3.由外及内

通过对同类竞品以及外部行业大环境的分析和了解，建立自己对于产品的基础认知。这些内容会让你以旁观者的视角审视业务，梳理出更清晰的思路。

注册和使用竞品，通过竞品分析、行业数据和发展现状等方面入手分析，都是很好地了解业务的方式。

所以你能够做的是：

（1）储备信息，多多益善。

了解行业背景，包括你所在的公司/项目的大环境、行业发展趋势等，既有助于对你的业务建立起基本认知，也会让你在与同事交流的时候更有底气。

（2）公司规划，不容忽视。

你所在的公司业务线的布局、方向和规划，也可以多多了解。如果你能在纸上大概画出整个业务线大图，厘清各个业务组之间的关系，将对你做业务以及与同事间的配合有更多帮助。

再来说说完成工作的经验有哪些。对于刚转岗或转行到新业务领域的同学，还有几条工作经验分享给你：

1.从简单开始

面对新业务，可以从简单和基础的工作开始，把这些事情做好，先赢取同事和领导的信任，再慢慢驾驭和管理项目。

如果领导一开始就让你做很复杂的工作，不要慌，要学会给自己"制造简单"，把繁杂的工作拆解成小阶段或小模块，一个阶段一个阶段地完成，并及时跟领导同步工作进展。

2.向他人请教

你可以利用闲暇聊天的时间，向资历较深的同事请教。在工作过程中，如果要向他人请教，可以注意两点：

（1）不要一遇到问题就问。

你可以积累几个问题之后一起问。把相关的问题整理分组，可以让你得到的答案更有逻辑性，也可以避免频繁打断别人的工作。他人帮你并不是理所应当，要懂得感恩。

（2）先自己回答自己的问题。

问问题前，自己先思考下答案。这样当别人再给你解释，你会发现其中的差别，对问题的理解会更加深刻，效果要比别人直接回答你好得多。

你可能会把"行业小白"这个标签当作包袱或压力，其实不然，因为你是新手，所以大家通常不会抱有太大期望，这时反而可以给他们带来更多的惊喜。想摆脱这种标签的唯一方法，就是通过实际行动来证明自己。通过上文我们介绍的方法，你会发现这种自我证明并不一定是要取得非常大或者完整的项目成果，而是你在平日中的工作状态，你对于设计细节的推敲，也包括你的工作习惯和交流方式。

B 端项目和业务通常比较复杂和枯燥，因此不要急于求成，有的时候走得稳比走得快更重要。

041 如何思考和判断我的设计工作是否有价值？

当你想要说清楚工作的价值时，你可以先确定对象，是对你自己的价值，还是对你团队或公司的价值，再或者是对产品所面向的用户的价值。这些分开来看会有不同的答案。

最近H同学问了我一个挺值得思考的问题。他是这样描述的：

"最近我在工作中接到了很多可视化大屏的需求，总觉得这块就是在'搬砖'，我投入了大量的精力，但是不知道自己该如何说清楚这些工作的价值，或者说怎么能确定这些工作就真的是有价值的呢？"

我认为"价值"是相对的。也就是说，你需要对着对象谈论"价值"。所以当你想要说清楚工作的价值时，你可以先确定对象，是对你自己的价值，还是对你团队或是公司的价值，再或者是对产品所面向的用户的价值。这些分开来看会有不同的答案。

一、个人价值

我们最在乎的肯定是工作内容对于你的个人价值。我们都希望在工作中有成长、有收获。你可以从以下三个方面来看工作带给你的价值。

1. 短期价值

也就是短时间内可以看到的对你有利的因素。比如你现在做数据大屏的设计，虽然是"搬砖"，但你只要搬得好，老板就会更信任你、表扬你、给你发红包，甚至是提成加薪。这些短时间内获得的成效和奖励，都属于短期价值。

2. 长期价值

对于个人来说，你的经验积累和素质提升就是长期价值。**这种价值并不一定是显性的成果，更多是隐性的能力。**经验和认知是你的硬实力，是可以被复用、被举一反三、伴你终生的，让你成为更优秀的自己。

比如几轮数据大屏的需求做下来，这类工作的对接流程、沟通方式、设计要点、坑点等经验的总结，以及工作中积累下来的合作关系，对你个人来说可能会比你的设计成果更有价值。

3. 情绪价值

即使你发现这项工作带给你的短期价值和长期价值都不明显，但做这件事可以让你心情愉悦，让你获得成就感和同事们的正向反馈，那它同样具备了一定的情绪价值。

以上三种价值，具备其中的任意一种，对你来说或多或少都是收获。

二、业务价值

除了考虑我们自己，也需要思考工作成果能给公司、给业务、给团队带来哪些价值。你能够给公司创造的价值，都已经被明码标价，所以这种价值也是一种交易，是你应尽的责任。

想要给公司或业务带来更多的价值，除了按部就班地做好本职工作，你还需要找准方向，将有限的时间和精力用在正确的方向上。

比如你在做数据大屏设计的过程中，在保质保量完成业务诉求的同时，还应该站在用户视角，更加充分、理性地了解业务。你可以这样问自己：

- 这次大屏需求的业务目标是什么？
- 产品中待解决的问题有哪些？
- 产品所具备的优势和劣势分别是什么？

通过设计思维和手段帮助业务实现目标、解决问题、突显优势、弥补不足，才是你作为设计师赋能业务的正确方式，才会为业务创造更多的价值。

三、用户价值

设计师可以和用户直接打交道，站在用户视角思考问题是我们的职责所在。产品能够为用户解决什么问题、带来什么价值也是我们要去思考和关注的。你可以这样问自己：

- 用户想要达到的目标是什么？
- 用户对于这个产品的预期和期待有哪些？
- 用户反映的问题有哪些？能否得到解决？

在实际设计工作中要综合考虑的因素有很多，用户价值有时和业务价值也许不能同时满足，这时就需要你根据经验做出取舍和判断。

其实，聪明人的工作目标并不是"在某一职位尽职尽责"，而是"为了产品、业务、公司有更好的业绩"以及"为了让自己有更好的成长"。工作目标定义得不同，你思考问题的方式和处事行为就会不同，你创造出的价值也会不同。

另外，也不要总是为了"价值"而做事，尝试从你做的每件事情中看到并获得价值，也是一种进步的方式。

042 怎样才能提高自身的话语权，更好地参与整个工作过程？

"话语权"是自己争取来的。你想要获得存在感，让别人在意你、尊重你，就先要想想你能为别人带来什么，做些什么能够赢得他人的认可和尊重。

C同学有一天略显焦虑地向我描述了他的工作情况，他所面临的问题是：

"公司目前在做的是B端管理的工具。我作为设计师，在工作中基本上找不到存在感，不知道怎样才能提高自身的话语权，也不知道怎样才能更好地参与到整个产研过程中。我经常会遇到的情况是，很多需求产品就直接让开发去做了，甚至都不经过设计这一流程。我感觉我丝毫没有付出。"最后他也颇感无奈地补充了一句："我该怎样才能有更好的产出，在老板面前表现，以获得升职加薪的机会呢？"

有的时候你可能也会像C同学这样，陷入一个原地打转的怪圈当中无法自拔。其实找到突破口的方法并不复杂，分享给你一些经验。

一、找到原因，对症下药

所有的现象都"事出有因"。你要学会找到这种情况产生的原因，不同的原因又会有不同的对策。我用C同学描述的工作情况来举几个例子：

第一个例子，"不知道怎样才能提高自身的话语权，也不知道怎样才能更好地参与到整个产研过程中"这个现象背后的原因可能是你对于产品和业务也并不了解，看不出产品存在的问题，所以不知道该如何下手，给不出更好的建议和设计方案。

对应的解决方案：

（1）要想尽一切办法把业务摸透，我之前也介绍过一些方法，可以参考"040 刚进入B端行业，如何深入了解业务呢？"

（2）站在用户角度，结合业务目标，思考产品有哪些应该优化的点。你可以看看"002 合格的体验设计师，应该如何完成设计需求？"

（3）提出设计建议和优化方案。

经过这个过程，不论你的方案最终是否会被落地，你都在过程中更好地了解了产品，和同事间产生了更多的交流，也向大家展现出了你对于工作的热情和积极性。

第二个例子，"很多需求产品就直接让开发去做了，甚至都不经过设计这一流程"这个现象背后的原因可能是产品和开发经常配合，已经很默契了，而跟你比较生疏，你们恰巧又都比较腼腆，不太会表达，导致沟通不顺畅。

对应的解决方案：更主动一些，经常去与产品沟通和交流。你可以向他请教与产品和业务相关的问题；主动向他询问有没有设计任务；询问有没有哪些工作需要你帮忙；等等。

很多事情都不是我们想的那样，多一些主动沟通，就少一些误解。

二、"赢得"尊重，"获得"认可

"话语权"是你自己为自己争取来的。你想要获得存在感，让别人在意你、尊重你，就先要想想你能为别人带来什么，做些什么能够赢得他人的认可和尊重。

了解他人的工作目标就是一个很好的切入点，你可以将他人的目标"转换"成你的目标，帮助他人完成目标。

举个例子，假设产品今年的工作目标是：上线三个新功能，其中两个要做到用户好评率达到80%。那你就要想办法，如何能够保质保量地完成三个新功能的设计工作，同时还要贡献出一些产品体验上的优化方案，以保证用户好评率达到80%。

三、稳扎稳打，厚积薄发

这一条是我劝C同学的，也是用来劝诫我自己和正在读这段文字的所有同学的。先不要想得太远，一个项目做得好就可以升职加薪这种情况很少，可遇不可求。所以大部分情况下，我们要做的都是"求稳"。先保证稳定发挥出你的工作能力，把握住每个项目、每个任务，在老板心中先建立起来"靠谱"的形象。

另外，升职加薪也并不应该成为我们的工作目标，它只是我们达到目标后的一种外界给出的评价和奖励形式。

我们的目标应该是高质量地完成每一项工作任务，并尽可能地提升自我能力。

这当中也暗含一个正向循环，当你将工作做得好，你的综合能力也会有提升；而当你的能力不断提升，你的工作也会完成得更漂亮。

你做到了这些，升职加薪自然会水到渠成。而即便因为很多不可抗拒的外力因素导致你没有得到想要的回报，你的能力提升也会让你有所收获。

043 大厂的设计师如何做专业研究和设计自驱呢？

做专业研究的目的是让设计更好地助力业务发展。你可以从业务设计经验、面临的问题或未来能用到的方法中寻找设计专业研究的方向。检验你研究工作质量的重要标准就是：研究成果能否赋能业务的发展。

优秀的设计师通常不会满足于被动地承接设计需求，而是主动思考和探索未知，利用设计思维和能力为业务赋能。我也收到过不少与设计师的专业研究和设计自驱方法相关的问题。比如：

"大厂设计师会有哪些专业研究和提升的练习呢？想了解下这种专项练习的方向和方法。"

"我们公司允许设计师可以自发做一些设计创新研究，想问问设计自驱这方面有没有一些推荐的方法以及落地实践经验。"

"我在小公司工作，是唯一的设计师，如何去评估自己的设计专业研究水平呢？"

互联网大厂通常也很注重设计师的专业能力训练和培养。我们日常工作通常会分为两个部分内容：业务需求和专业研究。

完成业务需求不需要我过多解释，这是设计师的本职工作，通常会占总工作量的60%~80%。而专业研究则是指设计师进行一些设计领域相关的研究和学习，以更好地提升个人专业能力，赋能业务的发展。通常这部分工作占工作量的20%~40%。

在我的工作中，专业研究有以下几个特点：

（1）**做专业研究的目的是让设计更好地助力业务发展**。所以设计师做专业研究的内容会跟自己的业务需求有很大关系，通常来源于业务待解决的问题。

（2）**专业研究的方法可以结合设计师个人优势和能力特长，通常不会做"一刀切"的标准化产出要求**。你可以输出文档，也可以在周会、月会上对外分享，还可以做成专题课题圆桌活动，等等。

（3）专业研究的过程可以**跨团队、跨专业协调研究**，相互借鉴彼此的经验，减少重复造车的成本。

通常来说，专业研究的方向可以分为以下三种类型。

1.业务需求中可以被沉淀的可复用的经验

做业务需求时，将通常会用到的设计方法论、工作流程、组件模板等工具和经验进行总结。这种经验的沉淀具备一定的复用价值，不仅可以作为本次业务设计的复盘总结，也可以应用到其他项目中，为之提供借鉴和参考。

2.在业务设计过程中遇到的不了解的问题

在完成业务需求的过程中，遇到不熟悉、不了解的新问题，需要深入地补充学习和研究，解决问题，丰富新知识和经验。

3.业务在未来发展中可能会应用到的方法

根据业务的发展方向做前瞻性的、创新性的探索，提出一些概念性的设想和方案，最终能够落地和实现，协助业务更好地发展。

总而言之，设计师的专业研究应该是和业务强绑定的。我们不鼓励做空想设计，而是更强调将设计师的专业兴趣和自我发展与业务有机地结合，创造更多的商业价值。

所以当你的公司给予你充分的时间和资源，支持你做设计专业研究和设计驱动，你也可以从业务中值得沉淀的经验、当下面临的问题或未来能用到的方法中，寻找设计专业研究的方向。而你的专业研究成果能否赋能业务的发展，就是检验你研究工作质量的重要标准。

因此，在设计专业研究的过程中，你可以注意以下基本原则：

（1）研究思路和方向要源于业务、产品及用户的需求。很多设计师的自驱性研究会变成"自嗨"，通过设计方法论和表现技巧造声势，看似彰显了设计的影响力，实则忽视了业务的根本诉求。

（2）设计自驱和专业研究不要影响项目原有的进度。当业务目标是以速度为先时，不要过分追求极致的用户体验而耽误进程，设计自驱和专业研究可以小步迭代。

（3）对于设计方法和工具，不要为了运用而运用。设计研究核心呈现的不是你会多少种研究方法、能使用多少种设计工具，而是通过运用恰当的方法发现问题、分析问题并解决问题。

（4）不需要面面俱到，要做有针对性的深入剖析。检验设计研究成果的重要标准就是是否能够解决业务问题或者帮助业务完成目标、实现价值。因此大而全不一定管用，针对业务问题做深入的研究才是将时间用在刀刃上，利用设计思维和能力为业务赋能。

044 为什么工作过程中不建议"憋大招"？

你以为最后会给领导一个"惊喜"，很有可能会变成"惊吓"。保证领导的知情权很重要，他是你解决问题的重要工具和资源。

C同学很沮丧地找到我："我辛辛苦苦做完的设计稿，我自己觉得已经很好了，等到拿给老板看时，他却指出整个设计的出发点就是有问题的，然后又批评我说为什么不早点给他看看设计思路。我还以为能得到他的认可，结果得到的却是指责，我没有控制好情绪还差点和他吵起来……是我做得不对吗？我应该怎么改进呢？"

C同学的问题也是很多同学经常会犯的问题，就是喜欢"憋大招"，即一定要把工作做完或者做到几近完美，才给领导反馈和汇报，并期待能够用成果给领导一个惊喜，换来赞许和认可。

我以前也经历过这个阶段。那个时候即使是在过程中遇到了问题，也不想让领导知道，因为总觉得求助就是能力不足的表现，如果一个人能把所有的问题都解决，直接给领导汇报完成的工作，就是领导想要的结果。但其实这并不是一个好习惯，而是一种近似赌注的偏执行为。

因为你自己认为正确的方式，并不一定正确和有效；你以为领导想要的结果，并不一定真的是领导想要的。

这种"憋大招"的做法直接带来的弊端是：

1.结果偏离航线

如果你在工作过程中产生了思路上的偏移，没有及时纠正，往往会导致"差之毫厘，谬之千里"。这也就是开篇时C同学提到的问题，你以为最后会给领导一个"惊喜"，很有可能会变成"惊吓"。

2.变相架空领导

在工作过程中，因为担心领导会怀疑自己的能力，所以遇到了问题不向领导求助；担心这是在给领导添麻烦，所以取得了进展也不跟领导汇报，全都"憋"着自己处理和推进工作。这样做相当于把领导关进了小黑盒，剥夺了领导的知情权，变相架空了领导。

3.过分强调付出

如果你做的工作结果不能令领导满意，往往会因为在过程中付出的诸多努力而认为自己"没有功劳也有苦劳"。然而这只是一种"自我感动"行为，甚至会让你产生偏激的想法，难以虚心接受老板的批评指正。

比起"憋大招"你更应该做到的是以下几点：

1.小步迭代，逐步推进

每次有阶段性进展就可以同步领导，或者每几天、每周积极向领导汇报工作进展，你找领导比领导找你更有主动权。

很多时候，领导并不是只追求结果，过程中的进展汇报也会帮助其形成更多认知和判断，适时做出方向调整和更恰当的决策。因此保证领导的知情权很重要。

2.谦虚积极，善于求助

"求助领导"并不是能力不足的体现，而是你解决难题的终极武器。当你发现仅靠自己难以突破阻碍，领导就是助你一臂之力的不二之选。向领导同步进展时就可以适时地发出求助，保持谦逊和积极的态度，寻求指导和支援。

要知道，领导不仅是你工作的管理者，也是你解决问题的重要工具和资源。

3.做成事，强于多做事

不要总看自己付出了什么，要多看看自己做成了什么。你的价值不在于你做了哪些事情，而在于你做成了哪些事情。工作没有达到预期结果，再多的付出都只会感动自己。

我们每个人的时间都是有限的，要想保证工作效率，既要"做正确的事"，也要"正确地做事"，这样才能事半功倍，少走弯路，节省复工的时间。

045 设计师如何在述职报告中描述自己的工作内容？

采用"总—分—总"的方式来做结构，通过"三步走"来讲内容。

我们每个人都会遇到向老板描述或总结自己工作内容的时刻。有时是以周或月为单位写报告，有时则是以季度或年为单位写总结。H同学的问题就跟工作总结相关：

"作为设计师，应该如何在述职报告中简短清晰地表述自己的工作内容、设计产出和设计思考呢？ 我现在的情况是，对于工作内容和设计产出，目前只是贴出自己的设计稿和所做过的项目；而对于设计思考，我是拿出项目中遇到的一些问题，写出自己对应的设计方案和想法。但是写完后感觉既零散又混乱，请问有没有什么好的经验和写法呢？"

对于设计师来说，年末工作总结通常都是跟年初的工作目标保持一致的。如果是月度或以周为单位的总结，也是可以将目标拆开，以月和周为单位来计量和规划的。设计工作总结主要看两个方面，一是你工作目标的进展情况，二是设计产出的方法和内容。

不同公司和团队对于设计师工作总结的要求也不尽相同，但我们都可以使用一套通用的总结思路作为基础，可以试试以下这些方法。

一、采用"总—分—总"来做结构

"总—分—总"结构的优势其实不需要我多说，少年时期我们写作文也都是先总起全文，再分段描述，让读者可以在短时间内了解你的书写内容。不光是整个工作报告，报告中的每一个项目的工作总结，也都可以用"总—分—总"的形式来呈现。

1.整体报告的"总—分—总"
- 第一个"总"：总述你本月或本年度的工作内容分为哪几部分，以及整体工作的目标进展和完成情况。

- 第二个"分"：以每个项目为单位，具体说明每一部分工作的进展、方式和完成情况。
- 第三个"总"：总述对于工作完成情况的自我评价和经验积累，以及对下一个月或下一年的工作做简要规划。

2.单个项目的"总—分—总"

- 第一个"总"：总述项目的重点工作内容，以及项目的目标进展和完成情况。
- 第二个"分"：可以通过"设计策略""关键行动""最终结果"三步走，对每一部分工作做描述。
- 第三个"总"：总述对于项目的自我思考和经验总结，做简要复盘。

二、通过"三步走"来讲内容

我们刚刚在单个项目的"总—分—总"中提到过，对应你的每一个项目目标，这"三步走"依次是：

- **设计策略**：即针对目标制定的设计抓手、方法论和设计理念。
- **关键行动**：即在工作中的关键阶段和动作，也包括过程中使用的设计方法和工具。
- **最终结果**：即设计产出和所解决的问题，也包括成果数据和设计反馈。

使用"总—分—总"和"三步走"，你就可以按如下方法来总结某一项工作内容。

第一个"总"：本年度优化或新增两个业务组件，完成开发上线，并在12月底前使使用次数超过10万次。

第二个"分"：

- **设计策略**：优化来自于真实的业务需求，并以组件"一致性"和"实用性"为设计原则和标准。
- **关键行动**：收集用户反馈，并根据业务需求总结并优化组件A的两个关键的设计问题；新增一个组件B，来解决某业务问题。两款组件开发上线后，都添加了埋点以捕捉用户的使用数据进行验证和优化迭代。
- **最终结果**：组件A在4月份上线，12月底使用次数超过6万。组件B在5月份上线，12月底使用次数超过5万。附带设计稿以及用户使用数据和反馈（如有）。

第三个"总"：在用户反馈收集的机制上还需要做优化，收集时间过长会影响到下一步的工作排期，之后可以与用户研究团队共同讨论升级方案。

由此我们也可以得到下面这张设计工作报告的框架结构图，你就可以用这种结构方式来描述和梳理你的设计工作内容。

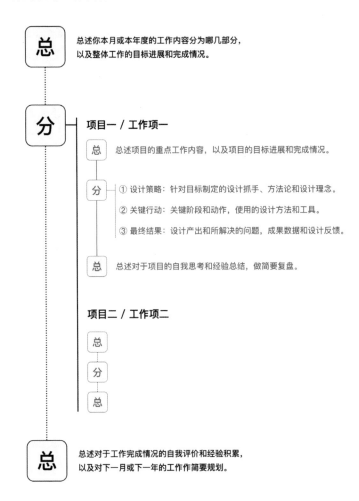

设计工作报告框架结构图

在设计工作报告中，你也可以使用一些内容展示技巧。以下方式你可以尝试。

1.站在读者的角度思考内容优先级

你的工作报告主要读者是你的老板。所以想想你的老板关心的是什么，想要通过你的汇报了解什么内容，这部分内容是重点内容，需要优先展示。

2.复杂逻辑用图示

如果项目的设计推导过程或者采取的关键行动很繁杂，需要用大段的语言来解释，你可以使用思维导图的方式或者框架图进行呈现，让内容和逻辑更清晰。

3.设计原稿用链接

如果你的总结中涉及大段内容或工作量的呈现，可以提炼出具体观点和数据，剩下的内容使用附录文档或链接的形式呈现。如果你的老板有时间或感兴趣，可以自行下载阅读。这样可以最大程度保证总结报告的简要易读。

4.工作成果有指标

你的设计成果和工作目标在描述时尽可能都要带有衡量指标，让你的工作目标的完成情况更加直观。这一点也是你工作成果的最直接体现。

希望以上这些建议对你在做工作总结时有帮助。

046 向老板汇报工作时总感觉压力很大，该怎么办？

调整心态，减少内耗，尝试化被动为主动，用"解决问题"代替"完成任务"。

D同学有一次向我求助时是这样说的：

"每次跟我的老板过设计稿时或者汇报方案时，我都感觉压力好大！总是想逃避，很害怕，很艰难。我该如何调整自己的情绪？或者还有哪些可以帮助我解决这个问题的方法呀？"

其实"向上管理"是职场工作中一个很重要的能力。对于D同学来说，首先需要知道自己到底在害怕和担忧什么。是不太喜欢老板评审稿子时的态度还是难以接受他对工作质量的评价？或是自己对工作成果不够自信？找到突破口，再有针对性地寻找解决方案。

另外，我也有一些可以调整心态、化解压力的方法推荐给你。

一、学会"课题分离"

"课题分离"是一个心理学概念，意思是学会区分"我的课题"和"他人的课题"。在和别人共事相处的过程中，你只负责做好"你的课题"，他也只负责做好"他的课题"。你的课题是做好设计方案，你老板的课题是控制情绪和给出评价方案。

因此老板的情绪不是你需要纠结和控制的，你也掌控不了，不要把时间用在情绪内耗上。你能够并需要掌控的，是把精力和时间用在完成设计方案上，做好自己该做的事情。

二、化被动为主动

主动找老板汇报工作，而不是被动地等老板找你要进展。这种"主动"体现在以下两个方面。

1.时间上的主动

被老板要求看稿子和你主动向老板展示稿子，你的状态和感受是不一样的。你可以定期向老板做汇报，这个"定期"有两个含义：一是按照日期来看，比如每周一次或每月一次；二是按照工作进展的阶段来看，比如每完成一个关键步骤或取得一个关键进展就主动向老板做一次汇报。

2.内容上的主动

要比老板多想一步，多思考一点，帮助老板查缺补漏，也是你的价值体现。你的汇报内容可以分成三部分：

一是结论，包括对目标的完成情况和已经产出的具体内容。

二是思考，也就是并非单纯地描述你的工作过程，而是可以讲讲你的认知方法、关键思考、接下来方向调整的建议等。

三是借力，遇到问题不要憋着不说，也不要等着被老板询问时才诉苦和抱怨，而是要将老板当作你的资源和工具，主动地、及时地向上借力。你的老板不仅是管理你的人，你也要学会"利用"他，让他为你能够顺利完成工作提供资源。

三、用"解决问题"代替"完成任务"

如果你把老板当作老师，认为他布置的工作就像是老师出的考卷，他那里有正确答案，会给你的考卷完成情况打分，那你就会把工作当成作业，把"完成任务"当成是工作的第一目标。

其实不然，因为老板的答案并不一定是正确答案，这份考卷也并不一定只有唯一的标准答案。你的老板也许并没有时间和精力对问题做深入的研究，手中或许根本就没有答案，而是在等待着你拿出更多更好的方案。所以你真正的工作目标不是"完成任务"，而是"发现并解决问题"。我举一个小例子：

我们团队要开一个部门级别的会议，会议主题不太严肃，会场氛围相对轻松。我的老板当时是这个会议的主持人，开会的前一天晚上，他跟我说让我去帮他买个哨子，说如果会议演讲人讲话超时，就吹哨子提醒他。

我想了想，当晚就去买了个哨子和一只尖叫鸡（一捏就叫的那种塑胶玩具）。我当时的想法是，老板需要解决的问题是用一种能发声的工具来提醒演讲者注意时间，因为疫情还比较严重，所以我可以选择尽量减少与口鼻接触的发声工具；尖叫鸡的形象和声音更搞笑一些，也更容易调节现场的气氛。不过由于担心老板对哨子有情结，我就同时准备了这两样，以防万一。

第二天当我把两样东西都拿给老板的时候，我看到他眼前一亮，然后很开心地选了那只尖叫鸡。这件事发生的半年以后，我的老板在跟我聊天时还总提到它，对此念念不忘。

大多数情况下，老板给你布置任务，不是为了用考卷来检测你的业务能力，他真正目的和期待是需要你"解决问题"，所以作为一名合格的任务完成者，你要做的是：

1.明确老板的"核心需求"

老板想要解决的"主要问题"和期待完成的"最终目标"，是你工作的导向，也是检验你劳动成果的衡量标准。这些内容老板在布置工作时不一定会明确而直白地告诉你，你可以主动询问他，也可以根据任务来推测，与他核对清楚信息。

2.了解老板希望看到的产出

老板提到的想要你做的产出，尽量都做到、都完成；老板没有提到过的产出，你也可以视情况补充。必要的时候提供多种方案，你自己也要对方案简要地评估利弊，有助于老板决策。

四、沟通形式选择老板习惯的风格

你的老板对于信息的接收习惯会影响你信息传递的有效性。如果他习惯"听"信息，那就不要长篇大论地写报告或者发送完整的设计稿，而是以提纲或关键方案的设计摘要为主，约上级聊天汇报。选择正确的形式可以帮助你更好地跟老板建立起信任关系，提高你们的沟通效率。

希望这些方法可以帮助你缓解向老板汇报时带来的压力，并能够让你事半功倍。

047 我并没有懈怠工作，为什么老板会说我设计水平退步了？

职场能力是逆水行舟，不进则退。老板对你的要求和标准会不断变化，对齐认知很重要。

某个周六的晚上，一位同学在知识星球中向我提问：

"上周老板忽然说感觉我最近的设计水平下降了，等下周抽时间找我聊聊。老板说这段时间我产出的东西在视觉上和细节上不如以前认真了，少了些之前的创新和灵动。可是我自己感觉好像并没有懈怠工作，还是和原来一样在认真做图，不过最近发给老板的图确实被提出来了一些细节上的意见。我也不知道原因出在了哪里。您可以帮我分析一下吗？"

根据这位同学的描述我初步做出了一些判断，并给了他一些建议。

1.你要和老板拉齐认知，消除信息差

能看得出你在之前的工作中是小有成就的，因为老板还能记起你之前的设计是"创新和灵动"的。而老板可能已经对你有新的要求和期待，对于你工作的成果也可能有了新的标准。如果你没有满足他的期待和标准，最直接的表现就是工作成果上的细节偏差。

所以建议你利用下周的机会，和老板对齐认知：你要知道你老板对你的能力需求和标准，你的老板也需要知道你的能力水平和专长之处，你们需要消除彼此间的信息差。

2.职场能力是逆水行舟，不进则退

如果你和以前一样勤恳工作，没有任何变化，甚至解决问题的思路可能都是一样的，这也许就是最大的问题。因为你并不会一直保持在原地，而是会被不断前行的人和不断发展的业务超过并甩在身后。

自己给自己制定目标，一步一个脚印，努力向前、推陈出新很重要。

3.善于总结问题，沉淀经验

下周的约谈，如果老板指出你设计上的问题，在积极优化的同时，还要做复盘和思考，比如想想是什么原因导致的问题？有没有更好的解决方案？哪些经验要保持下来？哪些习惯和方法要摒弃掉？下次遇到类似问题该如何应对？我们在"065 设计复盘应该怎么做？"中也提到过关于设计复盘的具体方法。

关于下周的聊天，由于我对你的老板和你们公司、团队所处的现状不了解，所以只能给你几条简单的建议。

1.不要焦躁，而要表达感恩

老板指出你的问题，对你来说是最好的学习机会。这些问题，并不是在批评你，而是为你树立新的目标。所以要端正心态，懂得感恩。

2.不要争辩，而要表明态度

辩解和找理由都不会为你加分，这时更重要的是表态：未来工作应该怎么做，下次设计需求要如何完成。

3.不要诉苦，而要表述需要

你也可以先想想自己没有变化和进步的原因，向老板总结下自己面临的困难。但要注意这不是抱怨，而是要向老板表达你的需求，或者要到相应的支持资源。

最重要的是，不要把老板当成教鞭，他其实是你解决问题的百宝箱。

048 老板给了我不擅长的工作，我该怎么办？

要分清楚这是你的短板还是你所欠缺的能力。是短板，可以求助他人；是欠缺的能力，需要及时补上。

我的知识星球中有位 S 同学，她是一位有着6年设计经验的B端设计师。对于自己的设计能力和技术，S同学有着很充分的认知。她和我说：

"我之前一直从事平台型B 端设计工作，主要包括整理设计规范，梳理产品的交互流程，产出一部分设计稿等。主要都是偏向B端业务的设计，视觉能力要求并不高。不过，最近总监要求我们做C端产品需求，也包括一些宣传海报。我个人的视觉设计表现能力也不是很强，做起来很花时间，效果还不一定有视觉设计师做得好。"

描述完困境之后，她有些疑惑地问我：

"您之前不是说在职场中要有自己的长板吗？我起初规划我的长板是理解B端的复杂业务、梳理交互流程和规范等。是不是我太故步自封了？我应不应该做这些C端的设计需求呢？"

S同学对自己的能力有清晰的认知，是件好事。关于我对于职场中长板、短板和欠缺项之间关系的思考，你可以先看看"092 短板和长板更应该精进哪一个？"。

我在文中提到的观点可以概括为：

（1）"长板"是你的核心竞争力，更值得精进。

（2）"短板"和"欠缺"是两个不同的概念，短板可以补，但欠缺一定要补。

我们再来看看S同学的这种情况。我一共给出S同学三条建议。

建议一：你需要先思考你的职业规划和发展方向

你对自己的未来有什么设想？会一直留在这个公司，还是想要跳到更大的平台或去创业公司？不同体量的公司，对于 B端交互设计师的要求不太一样。如果你要去获得这类信息，可以去看看不同大小的公司对于交互设计师招聘时的职位描述（Job Description），也可以多跟同行的朋友交流。

收集和整理信息后，你要做的是：分析未来自己的职业发展方向中，自己还"欠缺"哪些点，现在尽快补足，为以后做打算和储备。

你的上级给你布置的任务，是不是对你有价值，一部分也在于你对自己的职业规划是否有清晰认知。

当S同学思考清楚以上问题之后，如果认为自己需要做视觉相关的工作，就踏踏实实完成需求，学习和积累经验。如果认为自己不需要做这类工作，可以参考下一条建议。

建议二：你可以跟你的老板聊聊，对齐认知

（1）要聊清楚老板对你期待有哪些。

这里的期待包括：老板对你的能力水平和工作职责的定义有哪些？让你做C端设计的工作规划是怎样的？期待你产出的成果有哪些？清楚老板的目标，也会帮助你更好地做好工作排期和精力分配。

（2）要聊清楚你对于自己能力的认知和能力规划。

这里指的就是你在问题中说到的长板、短板。你可以跟你的老板描述清楚你对于自己能力的判断，也好让老板在某些方面的评判标准上适当降低对你的期待。

（3）要聊聊你能想到的解决方案。

如果你不想做或者没有办法达到老板的预期，你有哪些其他的方法可以完成任务。比如，可以雇用外包公司；或者招募实习生；或者你负责做交互流程，让其他擅长做视觉设计的同事来完成视觉优化；等等。

当然在和老板聊这些的时候，还有一些注意事项。

建议三：你需要表明两个态度

（1）你不是在推卸责任和义务。

专业的人做专业的事，高效用人是每一个团队都在追求的目标之一。你不做C端的设计需求，并不是在推卸责任和义务，而是在思考如何更好地规避项目风险，以保证其能够更高效、高质地完成。

（2）你不是在"利己"或"挑三拣四"。

这种只专注于自己长板的工作习惯，也可能会被有些人定义为"利己"。你需要跟老板聊清楚：你不是在为自己谋出路，也不是在挑项目，更不是把公司当成课堂或跳板。你是想把自己有限的时间、精力和专长放在公司里更需要你的地方，为公司最大限度地发挥自己的价值。

049 老板觉得我能力不足，还剩一个月的试用期，我该怎么办？

领导的批评背后，其实隐藏着对你的要求和期待。学会"变被动为主动"，将领导的要求转变为自己的目标。利用这最后一个月的时间，尝试挑战和改变自己。

有着三年多工作经验的E同学，有一天和我说她最近遇到了困扰。我们一起来看看她的故事：

"我工作三四年了，不知是我之前的工作太顺利还是我的能力没有进步，现在我在某头部大厂工作感觉很吃力。

我所在的设计部门除了满足业务诉求外，还很看重对内的自驱性的设计产出和设计复盘。这些我都不太擅长，甚至我觉得大家有时候过于纠结细节了，比如有些元素要不要对齐都要争论一下。我觉得大可不必，我也懒得去争个对错！

我已经被现在的领导约谈过一次，他认为我没有抽时间做设计自驱相关的产出，觉得我的能力与岗位职级不匹配，还没有自驱力！他说再给我最后一个月的试用期，不行就走人。

我很迷茫，也很挫败。我甚至感觉领导已经上升到单纯的个人喜好层面了！

我理智又悲观地认为，我没有希望了，他已经把我定性成德不配位的角色，我在这么短时间内再"努力"还有用吗？

我已经做了最坏的打算，我压根也不在乎现在这个岗位，过两天我就自己提交离职申请。我只是想知道自己之后的职业生涯里，该怎么破局？"

听完E同学愤愤不平地讲述她的遭遇后，我感受到她的情绪值很高，于是先安慰她说：首先我坚信一点：好的管理是激发善意，而不是激起抗拒。这件事情上你的领导也并非完全没有问题。他没有激发起你的工作潜能和热情，也没有包容你的不同之处或及时给予正确的引导。

其次我要说的是：**行有不得，反求诸己。即当你遇到挫折和问题时，最重要的是反思自己的问题。毕竟你无法改变别人，只能精进自己。**

我接下来对E同学说的话，并非是对她的批评和指责，而是作为一个旁观者提出客观建议。

1.切忌表面自卑，内心骄傲

能看出来你对于自己的自我期待其实很高。如果你对自己没有高期待，你就不会这么沮丧和不甘心。其实你表面上是自卑的，内心却是比较骄傲的，这样做出来的事就容易"拧巴"。

要想打破僵局，就要让你的行为和内心达成一致。我举个例子：比如你在内心觉得自已有经验、有骄傲的资本，那就要用你的行动来证明"我很厉害，我可以把细节做到极致，比你们每个人都更锱铢必较"，而不是像现在这样对于专业基础不屑一顾。

2.调整认知，关注工作所需

你在问题中提到的"懒得争对错"和"大可不必"的说法，在我看来并非是错，但也不是一个优秀设计师在工作时该有的态度。

因此最关键问题不在于你的用词，因为在语言背后，首要的是你的观念和认知。你要做的是转变观念，认清"你的工作需要你具备什么样的能力"，而不是执着于"我认为我的工作应该是什么样子的"。

3.学会反省，变被动为主动

你之前工作没有得到领导的认可，该做的是寻找改进办法，而不是陷入悲观情绪、开始自我内耗。领导的批评并不意味着你这人已经没有价值了，**批评背后，其实隐藏着对你的要求和期待**。因此你在反省到差距之后，就该吃吃、该喝喝，要尽快打起精神才能更好地精进自己、补足差距。

有一句话说得好，**没有人抗拒改变，我们只是抗拒"被改变"**。领导对你的要求是你进步的动力之一，你之所以会抗拒，是因为你处于被动的弱势地位。所以你要学会"**变被动为主动**"，将领导的要求转变为自己的目标。利用这最后一个月的时间，尝试挑战和改变自己。

你真正要在意的，不是一个月之后要被其他人考核和评判，而是能不能突破自己的心理障碍，克服自己的小脾气，超越自我，完成自己的目标。

4.良好的沟通是成功的开始

跟你的领导对齐彼此的期待很重要。你不仅要知道他期待中的你是什么样子的，也要告诉他你面临的障碍和压力有哪些，你对公司的工作方式和对于设计专业的理解有哪些。

能够真诚地聊一聊，消除彼此之间的信息差，你就踏在了向前迈进的路上。

050 相互配合的同事工作质量有问题，我该怎么表达出来？

对事不对人，要学会描述"事实"，这里说的"事实"是双方都已经达成一致的"共识性内容"，不是基于个人视角，而是基于双方共有的认知。

G同学有一天向我抱怨起她的同事工作质量及合作上的问题。G同学刚入职没多久，做的是B端产品设计，在完成业务需求时需要用到组件，于是她铆足了劲儿自己写了几个组件的使用规范，并拿给老板看。不料老板却说："这些规范，设计师S不是已经写过一遍了吗？你的和她的有什么区别呢？"

这也是G同学来找我吐槽的原因："首先，我都不知道团队里有这套组件使用规范；其次，我同事S写的这些设计规范，我看了之后觉得基本没有办法用呀！很多内容我都看不明白，还有一些细节被遗漏了。而且我老板通过这件事，可能是觉得S写得规范'没有被用起来'，所以今天下午老板要与我和S开个会，一起对一下，互相看看对方写的规范有哪些不同。"

我笑着说："这不是挺好吗，老板都亲自给你搭场子解决问题了。"

但G同学还是一脸的焦虑："那我要当着老板的面指出S写的规范哪里有问题吗？这样S面子上多过不去！她的年龄比我还大，在公司待的时间也很长……"

我能感觉到G同学还有些小情绪，于是劝她说：

"其实你们双方的出发点是一致的，只是沟通的过程中存在一些信息没有对齐，因此这次机会更要注意沟通的方式。你不需要直接指出她规范里的问题，你只需要表述你在使用的过程中遇到的一些问题即可。比如，你不要说'你这里写得不对啊'，而是可以说'我不太理解你这里表述的内容，能不能给我解释下？'如果你能够**只描述你经历的事实，把指责变成'请教'**，引导她自己发现和找到问题，你们的沟通就会顺畅很多。"

G同学的表情从焦虑变成了惊讶："用'软刀子'情商吗？"

这下轮到我惊讶了。首先，这并不是"软刀子（常比喻使他人在不知不觉中受到损害）"；其次，这也不需要上升到"情商"的高度。这就是一种我们应该掌握的沟通方式，即描述客观事实，还有一个你更常听到或用到的说法——**对事不对人**。

我们在情绪激动时，总会认为自己还是在理性地、客观地描述事实，于是就会象征性、习惯性地说一句"哎，我这样说是对事不对人啊"。但**是你真的只是在"对事"吗？你描述的"事实"真的就是别人眼中的事实吗？**

你可以回想下，自己是不是也遇到过这样的情况：

你看到前端开发在还原你的设计稿时，没有注意到一些细节，可能会脱口而出："你这稿子的还原度也太糙了吧！你看你好多地方都没对齐，还有些字号大小也不一样，间距也不统一！"

你对面的前端开发一定会立即反驳你："哪里粗糙了？这还是我昨天熬夜做的开发稿呢！这个页面哪有你说得这么多问题啊？我怎么没看到？"

再这样聊下去，估计这场沟通会变得更加艰难。其实这里的问题就出在你们双方对于"事实"的认知上。

你认为自己描述的都是"事实"，可能会这样想：

第一，我说的是稿子还原度粗糙，不是你干活干得粗糙，我没有针对你这个人。

第二，我给你指出来了这几点问题，真的都是白底黑字显示在页面上的。

但前端开发可不这么认为。因为他接收到信息后很有可能是这样想的：

第一，你说是稿子的还原度粗糙，但稿子就是我开发出来的，那你不就是说我活儿干得粗糙吗，就是在对我个人工作状态的质疑啊。

第二，我怎么没有看到页面上有没对齐的地方？我看这些字号的大小也就是一样的啊，我又不像你们这些设计师一样有"像素眼"。

你看，你以为的"事实"，在对方的认知里根本就不是"事实"，这就不是有效的"对事不对人"，也就很容易在沟通的过程中产生问题。

因此，你需要理解这里所说的"事实"的定义。"事实"是沟通双方都已经达成一致的"共识性内容"，即当你想要描述事实时，不是基于个人视角，而是基于双方共有的认知。你也可以描述你的感受和发现，但在描述时请不要顺带将这种感受和发现强加于他人。

所以，你可以尝试着这样描述："我发现左边第二张卡片和第三张卡片没有做到左对齐，差了2px；右边第一段文字和第二段的文字，一个是14px，一个是16px，字号的大小不一样。"

你还可以再补充一句"我知道你昨天熬夜很辛苦，不过我还是看到了这几个小问题，从设计师的角度来看，我觉得还是需要改改的。辛苦你再做做调整。"

你觉得前端开发还会像之前那样跟你抬杠吗？

同样的道理，开篇时的G同学如果想要"对事不对人"，要描述的"事实"就得是自己和对方已经达成一致的信息。如果双方在之前就没有做过沟通，互不了解，你也可以**描述自己发现的问题和自己的疑惑，用"我发现……"代替"你没有……"**。不太熟练地应用了这种方法后，G同学后来与同事的沟通还算顺利，也找到了一些解决办法。

以后如果你要展开"对事不对人"的沟通，可以先定义"事实"，再描述事实。

051 设计协作中有哪些实用的沟通技巧？

沟通并不是件简单的事情，也并不是说性格内向就会有更多沟通问题。即便是没有开朗的性格和较高的情商，很多有效的小方法也可以助你一臂之力。这次为你介绍三个小技巧：先"跟"后"带"，以"褒"代"贬"，统一"立场"。

设计师在工作中或多或少都会遇到与他人沟通的问题。"050 相互配合的同事工作质量有问题，我该怎么表达出来？"中给大家介绍过"陈述事实"的沟通方法。这次再介绍几种与他人沟通小技巧。这个话题源于我知识星球里的J同学的一次提问：

"我是个很内向的人，我觉得我也不太会说话，人比较直接。我在一个小公司，算上我一共就两位设计师，另一位有时会与我想法不同，我们经常因为一些设计细节争来争去。最近因为一个项目的设计方案已经吵了两次了！虽然最后的结果还是用我的方案，但过程让我觉得很疲劳。我觉得他就是想和我争对错，但他错了也不觉得是自己错了，我感觉下次遇到这种情况时他还会跟我争，我该怎么办呀？"

其实我的性格也并不外向，并不是八面玲珑的社交高手，很早之前在工作中也经常和同事因为一点小问题争吵。但后来我反思时发现，很多问题其实不需要通过争吵也一样可以化解。**争吵仅是一种情绪的发泄方式，对于解决问题没有实质性的帮助**。有时反而还会因为争吵伤了和气，导致工作流程进一步受阻。

沟通并不是件简单的事情，也并不是说性格内向就会有更多沟通问题。即便是没有开朗的性格和较高的情商，很多有效的小方法也可以助你一臂之力。

1. 先"跟"后"带"

先来看看这个词的字面意思，"跟"是指跟随对方，"带"是指带领对方。先"跟"后"代"的意思就是**先跟着对方肯定他的思路，再带着对方往你的思路上靠**。

比如在某个功能设计中，你想用A方案，你的同事想用B方案。这个时候双方都想做的事情就是各自强调自己的方案有多好，往往会争得面红耳赤，谁也不服谁。

这个时候你可以先"跟"，站在对方的立场上肯定下他方案中的优点。在讲"优点"的时候你需要：

- **详细且具体一点**，不要太空泛或含糊其辞；
- 这个优点最好是你们**两方观点的共性**，更容易为你之后的表述做铺垫。

比如你可以这样说："哦！原来你方案中用到了经典设计方法呀，我发现你充分考虑到了用户的易用性，这个方案挺好的。"

当对方发现你关注到了他设计方案中的细节，并且认可了他的思路，就会感觉你们俩站在同一立场上，对你的排斥感就会减弱。

这个时候你可以接着说："其实我这边的A方案也有考虑到用户的易用性，而且所用的设计方法，成本更低。"先提到了你们两个方案之间的共性，对方很可能也会更愿意多思考下你提供的方案。当对方被你带到了你的方向上来，你再给他介绍方案的其他特点，他也会更容易耐下心来听。

2. 以"褒"代"贬"

先来看看这个词的字面意思，"褒"是指褒义词，也可以泛指正面含义的词汇；"贬"是指贬义词，也可以泛指负面含义的词汇。这其实是一种语言上的用词技巧，也就是**将你语**

言中的贬义词或者表达负面情绪的词语，用褒义词或者表达正面情绪的词语来替代。

比如当你想对你的同事说"我觉得你的方案欠缺了点对于用户易用性的考虑"或者"我觉得你没有考虑到用户的易用性"，这里的"欠缺"和"没有"都是带有负面含义的词汇。所以你可以尝试把它改成"我觉得你可以增加一点对于用户易用性的考虑"。

"欠缺"这个词就有负面的含义，它会让人很直接地联想到自己的不足，会感觉到自己正在被指责或被批评。而"增加"这个词则有正面的含义，它会让人感觉自己现有的基础是不错的，但可以再做努力，因而会感觉到自己正在被给予建议和帮助，对抗的情绪也就不会那么容易起来了。

3. 统一"立场"

通常情况下，你和你的同事都为了一个共同的工作目标而努力，比如我们都想把产品功能做得更好，都希望用户体验会更佳。只不过我们每一个个体都是独特的，因此即便是目标一致，完成目标的方式也各有不同。

所以重要的不是要分出对错，而是要尽快解决问题，共同完成目标。因此当你与他人的意见产生分歧时，可以想想你们都在同一战线上，并在沟通中适当地传达这种观点，比如不时地说："我知道你和我一样都是为了让咱们的产品体验更好。"以此拉近彼此之间的关联性，缓和气氛。

要想让沟通有效，不是看你说了多少，而是要看对方接收到了多少。这些小技巧可以帮到你缓解对方的情绪，让他更愿意倾听和接受。

这些沟通方式，不仅适用于工作沟通，同样也适用于生活中。希望你也可以在沟通中逐渐成长。

052 如何说服非设计背景的老板支持我搭建组件库？

可以先以问题开场，把问题简要精练地描述清楚，并有理有据地证明搭建组件库是最优解。选择老板喜欢的沟通场合和方式，效果也会事半功倍。

Y同学兴冲冲地找到我说：

"我所在的小公司只有两位设计师，最近业务量越来越大，我们的设计效率有待提高。我想向我的老板争取到一些建设设计组件库的支持，让老板再招一个设计师或者是实习生支持我做组件库的工作。但我的老板不是学设计的，他对于设计系统也不太了解。我是不是不应该把需求讲得太专业？我该怎么向老板解释这个事情，并争取到资源呢？"

如果你认为这是一件很重要的事情，我建议你做一个简要的报告，几页PPT或者一份简短的文档就好，同时注意以下几点。

一、问题先行

对于这种对设计专业不是很了解的老板，你可以先以问题开场，让老板知道你这次找他聊天的目的是向他求助和想要解决问题。比如，你遇到了设计工作效率需要提升的问题；你发现几个产品之间的设计风格不统一等，或者几者兼备。

既然你想要搭建组件库，那一定是在工作中遇到了组件库能够解决的问题，把这些问题梳理出来，以问题开场，更能够引起老板的关注。但你要注意以下几个要点：

1. 不要先给出你的解决方案

问题中提到的"招一个设计师或实习生"不是目的，只是解决方案；"向老板争取到建设组件库的支持"才是目的。

你在一开始并不需要明确地表示出你想要"老板招一个人"的解决方案，因为这只是**你个人的想法，不一定符合老板的预期和规划，也不一定就是唯一的解决方案**。不要总是"想当然"，或总说"我觉得"，因为老板可能和你想的不一样。

你的方案仅仅是建议，在问题都描述清楚后提供给老板做选择就好，不要在一开始就替老板"决策"。

2. 把问题简要精练地描述清楚

你可能听说过一种描述问题的方法，叫作"5W2H"描述法。

- What（什么）：什么事情出了问题，出的是什么问题？
- How（怎么）：怎么发生的？
- Why（为什么）：为什么会发生？
- When（什么时候）：什么时候发生的，会不会一直发生？
- Where（在哪）：在哪儿发生的？
- Who（谁）：谁出了问题，涉及的人员都有谁？
- How much（多少）：出了多少问题，问题出到什么程度，数量有多少？

只要说清楚以上这几个要点，相信即使是对设计一窍不通的人也都会对问题建立起一定的认知。

二、有理有据

出现了以上问题，你找到的解决方法是建立组件库。你需要让这个观点经得住挑战质疑。

横向论证，你可以找到其他的解决方案，将这些方案和"搭建组件库"的这个方案做比较，分出优劣，证实你方案的有效性。

纵向论证，你可以找到其他公司用组件库来解决这些问题的案例，以此作为实践参考，证实你方案的可行性。

你可以注意利用以下两点：

1.站在老板的角度，切中老板的利益点

组件的核心功能是降本提效。没有哪个老板不希望自己的下属能够更快更准地完成任务。所以重点不是说"大厂或者竞争公司都有组件库，所以我们也要有"，而是告诉你的老板：有了组件，可以解决哪些问题，设计师可以解放出百分之多少的时间，开发可以提高多少工作效率，设计的还原度可以提高多少。

2.寻求外力，找到有相同需求的同事支持你

就比如组件库的搭建其实并不是设计师一个人的事情，只有被开发出来的、实现代码化的组件，才是完整的和有生命力的；组件库的重要意义之一也是可以帮助前端开发提高工作效率和质量。所以，你也可以去征求和收集公司前端开发的建议和需求，作为你观点的佐证之一。同时，开发给你的建议也可以帮助你完成下一步的工作计划制订。

三、给出计划

你要先对"搭建组件库"这项工作有明确的工作规划。你同样可以使用"5W2H"描述法，简要地给出以下信息：

- What（什么）：能够产出什么成果，达到什么目标？
- How（怎么）：要怎么做，分几步做，具体任务有哪些？
- Why（为什么）：为什么需要做这几步？
- When（什么时候）：大致的实践规划是怎样的？
- Who（谁）：参与的人员都有谁，如何分工？
- How much（多少）：需要投入多少其他成本？还缺多少支持？

相信这些信息会让你的老板对于你的工作计划和所需的支持一目了然，也能够帮助老板建立起预期，做好评估和决策。你对于"招人"的诉求就可以表述在最后一个"H"中，也是给老板一个建议和参考。

四、形式得当

找一个老板喜欢和习惯的方式。你的老板喜欢以什么样的方式和渠道进行沟通？是书

面沟通还是当面沟通？喜欢在什么时间或什么地点听这类汇报？你要尽可能地去适应老板的沟通方式和偏好。**沟通的场合和方式得当，效果也会事半功倍。**

当你的态度真诚不敷衍，并能够让老板看得到未来的成果，即使老板不同意你"招人"的建议，也会认可你的工作态度、体会到你的难处，帮助你找到更合适的解决办法。

希望这些方式和建议，也对你在工作中和老板的沟通汇报上有帮助。

053 使用组件做产品之后，设计师还有工作价值吗？

组件库的初衷不是为了替代设计师，而是一种设计师和开发提升工作效率的工具。设计师应该在组件质量维护、产品体验优化和业务诉求洞察上持续发力。

一位同学和我聊他的工作状态时说："我所在的公司已经开始用组件来做产品了。有些简单的产品，设计师把组件和页面框架做完后，前端直接用组件库按照规则去搭建页面了。文案也可以由产品和开发直接对接。设计师这边已经不需要每个页面都出图了。"他顺便问了我几个问题："在这种工作流程中，设计师是不是就不那么重要了？我们B端设计师的工作重心和主要任务是什么呢？"

我觉得这其实是一个很好的问题，值得每一位B端设计师都去思考。

现在很多大型或中型公司都已经开始使用组件库来为产品的研发过程降本提效了。那么使用组件就可以替代设计师的大部分工作了吗？我们先来看看组件的核心功能是什么。

1.组件可以降本提效

组件的初衷不是为了替代设计师。组件的本质是一种**降本提效的工具**。在工作内容上，可以将不必要的、重复性劳动的时间节省出来；在工作流程上，便于设计师与开发做交接和协作，减少沟通成本。

2.组件用于质量保障

不论是设计还是开发，使用组件后都可以在一定程度上保证工作质量。组件规范了前端和设计师的工作方法，建立了底层的合作机制，**设定了设计和开发的质量底线**。基于组件完成的产品通常具备：

（1）**一致性**：相对一致的表现样式，设计风格和交互体验上都可保持统一。

（2）**可用性**：对于用户来说具备最基本可操作性和可识别性。

（3）**标准化**：符合基本审美标准，虽不会很亮眼，但也不会很难看。

不过对于一款好产品来说，仅达到基础合格线是远远不够的。组件能替代的仅仅是大部分重复性的页面。面对变化多样的业务需求，设计师还是需要做很多非基础性、非重复性的设计工作。

我们也要建立起一个基础认知，那就是：**做组件不是设计目标，而是一种为业务赋能的手段和方法**。能够为业务带来正向影响的组件才是有效的组件。

设计工作注重专业与实践相结合，大多数情况下，能为业务赋能的设计行为才能体现设计价值。在此过程中，你的工作重心可以分为以下几点。

1.洞察业务诉求，优化体验

一款好的产品，质量不会仅停留在合格的标准。设计师可以把更多的时间和精力放到更有价值的工作上去，关注业务目标和用户需求，对业务逻辑做深度理解和剖析。不仅仅是在界面细节的表现手法上下功夫，还要用系统性思维为整个产品做全方位的体验优化。"002 合格的体验设计师，应该如何完成设计需求？"中也介绍过承接产品需求的几种方式，可参考阅读。

2. 提升组件专业性，赋能业务

很多业务领域有其独特性，比如金融类组件和政务类的产品页面列表内容就有很大区别。这就使得单一的组件在应用的过程中可以被再次组合、拼装和沉淀。

针对不同的业务领域，**将高频使用的组件结合业务特性**，进行更为专业的沉淀也很重要。这类组件使用起来也会更加得心应手、加倍提效。

"020 同样都是组件，通用组件和业务组件有哪些区别？"中提到过基础组件和业务组件的区别。

3.提升组件易用性，规范使用

组件并不是一劳永逸的设计工具，它需要紧跟业务的步伐迭代更新。只有当组件的质量达标，具备了一定的稳定性和易用性，才能被设计师和开发高效、高质地使用，更好地支持业务需求。

因此，除了建立组件的设计规范，**组件如何被更新、怎样被同步给相关方、怎样才能被正确地使用**，也是影响产品最终质量的关键因素。

"057 组件的使用规范，如何更好记和更好用？"中为大家介绍过一些提升组件易用性的经验，可供参考。

4.优化检验流程，排查问题

这里所说的"检验"包括两方面工作内容：一是对于**研发质量的检验**；二是对于产品

体验的监测。

先来看看对于研发质量的检验，可以分为以下两部分内容：

（1）**设计还原度走查**：即对于开发完成设计稿后的质量检查；

（2）**组件应用质量走查**：即排查组件的使用问题，判断设计和开发的使用方式是否正确。

对于这两类走查，发现问题时**不仅要及时纠正，还要思考问题产生的原因**，从根本上解决和杜绝类似问题。

我们在"031 前端的设计稿还原度低，设计验收难，该怎么办？"中为大家介绍过一些提升设计走查效率的经验，可供参考。

再来看看对于产品体验的监测。其实很多大厂都提出过关于检测产品体验和设计质量的方法及模型，我们熟知的有 Google 的 HEART 模型和 GSM 模型、蚂蚁集团的 PTECH 模型和"两章一分"模型等。我们在"006 产品设计体验度量模型该怎么用？"中为大家介绍过一些产品质量和用户体验检测的经验，可供参考。

设计自身的价值是全链路的、端到端的、内循环的。设计师不光用手，更应该用心和脑去思考和解决问题。可以说，**组件就是帮助设计师解放双手的利器**。

设计师的思维和方法不一定会决定产品的生死，但足以帮助产品实现质量和体验的升级。也正因如此，产品才能在市场竞争中走得更为长远。

054 组件设计师的协作模式和工作任务有哪些？

"组件设计师"通常也就是在该业务领域中承接需求的设计师。组件设计师既是组件的设计者和管理者，也是组件的使用者。

P同学和我说她最近也在尝试搭建自己产品的业务组件库，但是有一个困惑：

"搭建组件库并不是一个简单的工作，甚至可以说很繁重，那么是不是我应该专职做设计组件库这一件事情呢？但我现在还需要做产品需求，感觉时间已经有些紧张了。我想知道，组件设计师和其他设计师之间应该怎么配合呢？组件设计的工作模式应该是怎么样的呢？"

搭建组件库的工作模式有很多种，我这里列举出三种模式：独立生产、集中生产、联合生产。

一、独立生产

"独立生产"是指对于一个团队来说，安排某位业务设计师作为唯一的组件生产者；或者对于一个企业来说，安排某个业务设计团队作为唯一的组件设计团队。

这种模式下，这位业务兼组件设计师做出来的组件既在自己做业务需求设计时使用，**也服务于其他的业务设计师或团队**。而其他业务设计师或团队则会提供组件设计需求给这位业务兼组件设计师，进行组件库的更新和优化。

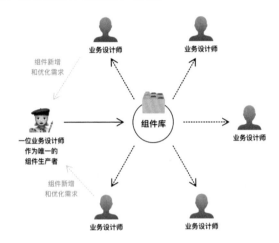

以一个团队为例，安排某位业务设计师作为唯一的组件生产者

这种协作模式看上去可行，但也有一些弊端。

（1）组件通用性弱：由于是这位设计师根据自己的业务需求来做组件，因此做出来的组件资产可能适应不了其他设计师的业务需求。他人在使用的时候，可能会需要大量的修改和定制，或是提出组件优化和调整的诉求。

（2）组件专业度低：由于这位组件设计师也需要做业务设计，所以必然没有办法分出太多的精力去研究和细化组件的细节，也不太可能去编写完整的规范约束组件的使用方式，甚至是接到其他业务设计师提出的组件新增和优化的需求也未必会全部受理。

"独立生产"的模式比较适合相对成熟和稳定的业务组件库，没有太多组件需要从 0 到 1 进行新增设计，各业务线及设计师也已经对组件有了较高认可并能够熟练应用。这种协作模式对于这位业务兼组件设计师的能力要求比较高，对组件库需要兼顾设计与管理。其工作职责包括：

- 负责组件需求的收集、评估和排期；
- 组件需求的定义、分析与研究；
- 组件设计成果和使用规则的产出与评审；

- 组件在开发上线后的质量验收；
- 组件和组件规则的发布与信息同步。

你可以在"055 **组件的设计和优化，需要哪些流程？**"中看到这些工作职责更加详细的内容。

二、集中生产

"集中生产"是指对于一个团队来说，安排专职设计师作为唯一的组件生产者；或者对于一个企业来说，安排某个专职设计团队作为唯一的组件生产团队。这位专职设计师或专职设计团队不依附于任意的一条业务线，不承接业务需求。

以一个团队为例，安排设计师专职做组件生产

这种协作模式的好处如下。

（1）**组件专业性高**：由于设计师是专职做组件，组件的生产质量和设计深度就得以提升。不论是在组件设计的质量还是在使用组件的流程上，都可以做得更好。

（2）**组件通用性高**：由于不参与任何业务需求，组件设计师可以更加平等地审视各个业务的组件沉淀和优化需求，一般不会偏重某个业务，而是站在通用性的角度做组件生产。

但这样做也有弊端：**组件业务性弱**。由于不接触业务需求，专职的组件设计师做出来的组件**可能并不"务实"**，过于理想化。组件在实际业务应用中可能会"不接地气"，没有那么贴合业务需求，或者在解决实际业务过程中仍然考虑得不够周全。

"集中生产"的模式比较适合从 0 到 1 刚刚搭建的组件库，或者是业务属性不强的通用基础组件库。专职的组件设计师的工作职责不仅包括以上我们提到的几点工作内容，还包括：

- 对于组件库做建设管理和发展规划；
- 主动提升组件自身的设计质量；

- 从组件层面思考如何赋能业务设计，提升产品的易用性和使用体验；
- 主动提升组件的使用体验，以体验度量和检测等方法确保组件被顺畅、高效、正确地使用。

三、联合生产

"联合生产"是指对于一个团队来说，安排几位业务设计师承担一部分组件生产的工作；或者对于一个企业来说，其中的几个业务设计团队都需要派出1或2名业务设计师组成一个组件生产团队，大家一起建设组件库。这也需要找一名有组件库建设及管理经验的设计作为组长或负责人，来统一协调和安排组件的设计工作。

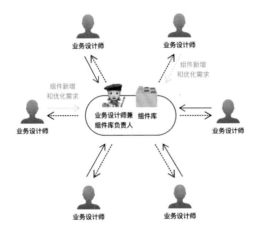

以一个团队为例，一部分设计师共同参与组件生产

这种协作模式的好处是，**组件专业度、通用性、业务性得以提升**。

（1）业务性：组件库可以和业务进行深度绑定，设计沉淀来源于实践并赋能于实践。

（2）专业性：每位业务设计师或每个业务团队可以均分组件设计的工作量，组件的设计质量和研究深度可以得到一定的保证。

（3）通用性：增强各业务设计师和团队之间的联系，大家协同配合，也可以避免组件设计偏重某个业务。

但这种协作模式也有问题：这种协作方式涉及的相关人员数量更多，因此**需要更强的统一协调和管理机制**，也需要有一位能够对此负责的设计师进行全局协调和统筹。

"联合生产"的模式较为通用，可以适用于不同阶段的组件库建设工作。这对于组件库负责人的能力要求比较高，需要根据实际情况，兼顾我们上文提到的所有工作内容，尤其是在管理和协调组件工作进展上需要有一定的经验。

在我所经历过的团队中，目前还没有遇到过专职的组件设计师。因为对于业务组件库来说，组件作为一种为业务提效的工具，是不可能脱离业务单独存在的。业务设计师通常既是业务组件的设计者和管理者，也是使用者。

还有两条经验分享给你：

（1）组件协作模式没有绝对的对错，主要看是否适合你的业务和团队特征。

你可以根据自己的能力、团队的实际协作情况和业务属性，选择一套适合的协作方式，也可以创造出新模式。如果你是执行者，也可以先给出一套协作方案，找领导商量如何将方案落实。

（2）组件协作模式不是一成不变的，在不同阶段要适时做出调整。

组件工作的协作模式是管理和设计组件、保证组件库持续良性发展的一种手段。在组件库和业务不断发展的过程中，可以根据不同阶段的变化以及模式运行的情况适时做出调整。

055 组件的设计和优化，需要哪些流程？

组件库的建设和优化工作其实并没有绝对的标准，只有适合自己团队的工作流程，才是真正有效和实用的。

由于从事过Ant Design（蚂蚁集团的企业级设计体系）组件设计相关的工作，因此经常会有同学问我关于组件设计、更新和优化的工作流程相关的问题，比如：

- 组件的设计和更新应该是有怎样的工作流程呢？
- 组件在设计与维护的过程中，设计师与前端开发要如何配合呢？
- 组件设计师和其他设计师的工作内容有什么区别呢？

我在两个团队中做过设计系统的建设工作，深刻地感觉到组件库的建设和优化工作其实并没有绝对的标准，只有适合自己团队的工作流程，才是真正有效和实用的。对于一个组件的设计和优化过程，我们团队总结的经验是，整个流程大致可以被归纳成五个阶段：

（1）收集组件需求及优化问题。

（2）探究分析组件的优化方案。

（3）设计方案产出并进行评审。

（4）开发方案完成并进行验收。

（5）发布上线并同步组件更新。

组件设计和优化的五个阶段

一、收集组件需求及优化问题

如果你希望你的组件库可以与时俱进、赋能业务，定期收集业务中的新增组件需求、检查已有组件的使用问题和了解设计师的使用反馈就很有必要。组件库的"用户"就是使用其工作的设计师和开发人员，所以通常组件的设计需求和问题反馈会来源于：

- 设计师发现业务需求中反复出现对于某个模块的设计诉求；
- 设计师和开发人员在使用组件做业务时发现的组件问题；
- 设计师和开发人员发现其他优秀的组件库案例中有值得借鉴之处；
- 设计师在查找和应用组件时觉得不方便、不快捷；
- 产品的用户反馈某些功能或局部模块在使用时体验不好，等等。

收集组件问题需要使用组件相关人员群策群力。但是实际情况中，业务设计师遇到问题但却因为忙着做业务需求来不及记录或反馈给组件设计师是常有的事情。因此必要时可以采用简单的制度来做约束，比如每个设计师每月必须提交一两个组件设计优化想法，或者每季度评审"组件问题查缺补漏第一名"，给予精神或物质奖励。

再来说说如何整理和管理这些需求。你收集到的需求和问题会又多又杂，你可以使用需求列表或项目排期表进行管理。作为组件的管理和设计者，你需要做的是：

（1）对需求进行"真伪"辨别：并不是所有的业务模块都值得被沉淀成组件，也不是所有业务设计的个性化需求都值得在组件中体现，要基于复用性和通用性对需求加以判断和筛选。

（2）整理需求的相关信息：通过需求的来源（比如是来源于业务设计师还是产品用户的反馈）、类型（比如是从0到1做新的组件还是对于已有组件的调整优化）、完成状态（工作的进展情况）、负责人、成果链接等方面对这些需求进行描述。

（3）对需求进行优先级排期：定义需求的优先级，当多个需求一起向你袭来时，你需要基于以下判断标准对于需求进行排期管理，这些标准包括且不限于：

- 设计和开发当前可用资源；
- 设计优化内容难易程度；
- 组件在业务中出现的频率；

- 业务需求的紧急程度；
- 组件的通用程度和扩展性，等等。

下图为一个需求列表的基础示例，你也可以使用其他的一些项目管理工作达到同样的作用。但也一定要注意信息的公开性和实效性，最好使用对于相关方全员可见的在线管理工具，实时进行信息同步，让每一个相关人员知晓相关进展。

需求类型	需求描述	需求人	状态	平台端	优先级	负责人	完成文档链接
组件优化	datepicker 组件颜色色号错误		待启动 ▾	两端 ▾	中 ▾		
	checkbox 组件的输入框和文字顶部没有对齐		待启动	移动端	低		
	输入框的长度长短不一		已完成	PC端 ▾	中 ▾		组件链接
组件新增	需要新增金额输入组件，现在遇到需求都是设计师自己画		已完成	两端	高		组件链接
	需要新增数据表单录入组件，业务需求中经常用到		已完成	两端	高		组件链接
	新增验证码输入组件		已完成	两端	高		组件链接
使用困难	移动端组件和PC端组件如何区分		已完成 ▾	两端 ▾	中 ▾		组件链接
	找组件很费时，能不能把同类型的组件整理在一起		待评审	两端	中		
	中文和英文之间能不能一键切换		设计中 ▾	两端 ▾	中 ▾		

需求列表示例

当然我上文也提到过，这些经验和方法并不是唯一标准，你需要根据自己所在的团队特点和业务特征来选择更合适的工作方式。比如收集组件需求的方式，如果每位组件使用者都很积极响应组件库的建设工作，你也可以采取全员共创的形式，大家在使用组件的过程中，遇到组件问题就自发填写需求列表，实时共享。你作为组件负责人将需求做挑选、归类整理、做好排期即可。

二、探究分析组件的优化方案

这一步开始，就需要你对组件的需求进行研究、分析和重新定义。对于**业务组件的研究，我的建议是一定要带入到业务场景进行考虑**。你可以通过以下两个方面来做组件分析和研究：

（1）**竞品中类似的业务场景**：收集和分析同类产品或类似功能场景下的实际案例，已经成熟的产品会更有说服力，也更值得被参考。

（2）**其他组件库的解决方案**：收集和分析业内知名的优秀设计系统中的同款组件设计案例，将这些组件库作为设计参考。

当然你也需要综合应用设计研究方法和工具，通过研读文章、做测试、与有经验的设计师交流讨论（也欢迎来我的知识星球向我提问和讨论）等方法，研究出合理的解决方案。

三、设计方案产出并进行评审

有了上一步的研究分析做设计指导，你就可以产出相对有效的组件设计方案和完整的组件使用规范，并可以组织或邀请团队中其他设计师（尤其是组件需求或问题的提出者）和前端开发对组件的设计方案进行检验和评审。

评审通过后，就可以将组件方案的设计稿交接给前端开发，进入组件的代码开发阶段。评审中如果有问题，可以收集大家的意见，再进行设计修改、更新和二次评审。

这里要注意的是，我们在做组件的过程中，经常会出现和业务需求并行的情况，那就要先以业务需求为主，遵守"业务先行"的规则，尽量避免因为设计沉淀而影响到业务进展。组件设计师可以和业务设计师相互配合，先完成当前业务的需求，之后再将组件进行通用性沉淀。业务应用场景也是对组件质量检验的最佳方式。

举个例子：业务设计师A把在业务需求中遇到的对于组件优化的建议给到组件设计师B，B经过设计研究和方案评审之后再给出的组件更新方案，很有可能赶不上A的业务设计评审进度。这个时候，也可以由A在业务设计过程中，直接根据业务场景提出设计方案，先进行业务设计评审。在评审通过之后再把该业务场景下的设计方案交给组件设计师B，作为组件设计的实践案例参考，由B来完成相关组件和规范的沉淀和更新。

对于前端开发侧也是如此，这也是一种从业务方面对设计基建进行推进和补充的工作方式。

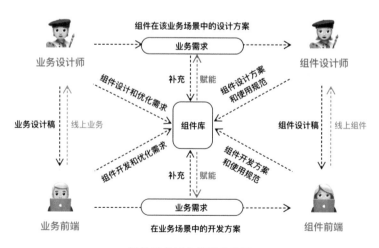

组件需求与业务需求并行

我会在"056 组件的设计评审，怎样才能更有效？"一问中详细地介绍组件在评审过程中应该注意和考虑到的工作问题，你可以参考。这里就不再赘述。

四、开发方案完成并进行验收

这一步是由开发将组件的设计方案落实到代码，完成组件的代码化。开发完成后，需由组件设计师进行走查。走查的会议纪要和质量反馈可以补充到上文所提到的"组件需求列表"中，明确到执行人，易于追查。

五、发布上线并同步组件更新

除了实时更新上文提到的"组件需求列表"，组件的上新和发布还包括以下三件事情：

（1）**组件库内容更新**：将设计组件库和线上开发使用库同步进行更新。

（2）**组件使用规范**：补充和编写组件更新后的使用规范关于组件的使用规则。

（3）**同步相关方更新事项**：要做到对于所有成员的使用方式和版本保持最新和统一。

设计系统的搭建，不仅是要将组件做好这么简单，更重要的是要协调到所有的组件应用方，规范大家使用组件的行为习惯。我们在接下来的问题中也会给出相关内容的解答。

056 组件的设计评审，怎样才能更有效？

先建立对于组件的设计评判标准和原则；在评审时先分享设计思考和分析过程；要尊重他人的观点。如在会上实在无法决策，可以让领导来拍板，也可以在会后与相关人员逐一商讨。

F同学问了一个曾经也令我很头疼的问题：

"我负责我们团队的组件库建设工作，可是每次我把组件的设计方案和使用规范都制定好后，开设计评审讨论会，大家就都会因为方案和规范的细节而吵得不可开交，各执一词。结果总是定不下来最终方案，好几个组件不了了之。我该怎么办呀？组件的设计和规范的好坏应该是谁说了算呢？"

在我刚做组件那几年，组件设计的评审会是最令我头疼和担心的会议。这类评审会通常比普通的业务设计评审会要难搞得多，原因大概有以下几点：

（1）参会的人员全是设计师，有时也会视情况叫上一两名前端开发。在大多数都是通晓设计理论并将"用户体验"牢记于心的设计师面前，涉及专业领域相关的讨论内容，就习惯于"锱铢必较"。

（2）组件的设计方案本来就不存在绝对的最优解。组件是要为业务服务的，所以不能脱离业务场景谈组件的质量和解决方案。因此经常会遇到业务需求和组件本身的设计体验之间如何平衡的问题。

（3）我做的组件会变成其他设计师未来做业务时要用到的提效工具，所以其他人都是有那么一点点"私心"的：总希望这个组件可以更贴合自己负责的业务需求，这样在做需求设计时就可以付出更小的改动成本，开箱即用。

对于这种情况，我也是经过很长时间的"摸爬滚打"之后才总结出来了几条经验，分享给你：

1.先建立对于组件的设计评判标准和原则

这就要涉及组件设计的价值观和基本原则了，也就是组件在设计的过程中要注重哪些规则；符合哪些标准；以及这些规则和标准如果相互冲突，应该按照什么顺序进行遵守。在组件库建设的初期，先确定这类设计原则很重要，团队中的设计师也要先对这些基本规则达成一致。

这样，当你在评审时遇到其他设计师提出的"看上去没有错误的设计建议和修改要求"时，可以先判断是否符合设计原则，如果不符合，可以凭此原因委婉拒绝，无须采纳。

2.设计和规范要有理有据

你的设计角度要客观，要有依据，有来源。大家会争论的原因，也在于没有一个能够完全占据"压倒性优势"的证据可以说服所有人。

当然，我经过一段时间的努力后，发现这种"压倒性优势"的证据其实很难找，所以我会采用"积少成多"的方法，也就是将"小证据叠加起来"，一条小证据可能不足以支撑你的设计成果，但三四条小证据叠加在一起，就足以构成"压倒性优势"。

设计师之间的交流更需要有充分的证据和思考，所以组件设计的推理和分析过程就很重要，一定要保留。在评审时也可以先给大家讲解下你的设计思考和分析过程，让大家既能够了解你的设计思路、理解你的设计产出，也能够感受到你对于组件设计工作的付出。

3. 获得有话语权的人的支持

你可以在评审之前，先将方案给你团队中最有设计公信力和话语权的领导看，听听对方的建议，并获得对方的支持。在评审时如果最终实在无法说服其他设计师，或者无法选择一个最优解，也可以由领导来拍板决定。

组件的设计和规范的"好坏"原则上只能交给使用组件的设计师和业务来决定。但是方案的选择和定夺，可以由你或者你的领导来"一锤定音"。**先确定一个方案，实际使用起来才知道好坏**。再正确的组件也不是万年不变的，发现问题及时优化即可。

4.对他人的观点保持尊重

大家的出发点都是一致的，只是每位设计师都有自己想要追求的理想方案和设计认知。所以即使你不采用他人的建议，也要尽可能地尊重他人；**你想要让你的方案获得尊重和认可，也要先尊重他人**。在倾听他人的意见和想法时要保持耐心，不要打断或直接反驳，听完后先表达感谢和理解，再叙述自己的观点和依据。

5.有些问题可以会后单独沟通

如果有些问题实在讨论不出结果，也没有必要立即拿个定论，你就可以在大家僵持不下的时候说一句"大家给出的都是不错的建议，但我们的会议时间有限，会后我带回去再研究下，看看能不能给出新的方案。我们先看下一项内容。"

在会后，你可以私下找到起重要决策作用的相关方，单独确认方案的可行性，这样看上去是"复杂工序"，实际上却比群体讨论拿结果要快得多。等确定下结论之后，可以在工作群里或是日常组件发布会中将结论进行全员发布。

组件的建设工作，其实更多是人与人的互动与协助。如果你在组件工作中遇到了其他棘手的问题，也欢迎告诉我，我很乐意为你提供建议和帮助。

057 组件的使用规范，如何更好记和更好用？

组件库的建设，其实也是在做"人与人之间的连接"，让研发人员养成高效、专业的工作习惯。你需要想办法让"用对"比"用错"更容易。

组件已经是很多 B 端设计师在日常工作中绕不开的话题。如果你也是一名组件设计师，想必也会遇到以下问题：

- 最近写完了一套组件的使用规范，但是团队成员画设计稿总不遵守，好多人总是用错。
- 设计稿即使是用了组件，很多细节也不一样，比如同样场景下的卡片间距，有的设计师用8px，有的设计师用12px。
- 我已经发布了新规范，为什么总有设计师说不知道，依然用以前的旧规范？

相信你已经深有体会，不管我们将组件规范制定得多么详细，总是有使用者以我们难以预测到的方式，不规范应用组件。

做几年B端设计系统和设计组件，你慢慢就会发现，对于组件设计师而言，最难的不是设计组件。在组件设计好之后，组件规范的编写、组件更新内容的同步、组件线上样式的更迭等，这些任务一个比一个棘手。有了组件，就会有用组件的人，也就需要有各种方法和手段来克服人性的弱点。所以组件库的设计、管理和维护，本质上是对于多人工作的管理与协同，因此有时协同机制的设计比样式设计更加重要。

那么该如何确保相关方都能够正确地使用组件、理解规范呢？我在"023 设计规范该怎么写？有哪些注意事项？"中提出过一个观点：我们可以将一套"组件设计规范"看作是一款产品，从设计规范的产出到被执行，就是对一款产品上线和普及应用的过程。我们可以借鉴产品思维，从以下三个方面出发：

（1）提升组件规范本身的质量（好产品）。

（2）简化组件规范应用的流程（易使用）。

（3）加强使用者对规范的认同感（强营销）。

一、提升组件规范本身的质量，好记才好用

简化规则，化复杂为简单，能用一条规则约束就不要用多条，以此提升组件使用的正确率。先从简单开始，在大家能够熟练应用之后，再视情况做添加。举个例子：

我们的一款产品，在排版时用到的间距大小有很多种，为的是追求好看的视觉效果。但在实际设计的过程中会发现，很多设计师根据业务需求，删掉组件模块中一行内容或者一组内容，与上、下方不同组的内容间距就很难确定，设计师会自己根据经验来排布内容，这就在间距上产生了很多不一致和不确定性。

于是我们对间距的数值规范做了简化，合并和删减了很多数据。这样视觉效果看上去只是有微弱的变化，但实际在应用的过程中却减少了很多麻烦。

😵 **以前间距数值（px）：**

0/4/8/10/12/16/24/
32/36/40/48/64

以前卡片中的间距： 0/4/8

😀 **以后间距数值（px）：**

4/8/16/24/40

以后卡片中的间距： 8

对所有组件的间距数值规范做了简化，合并和删减了很多数据

二、简化组件规范应用的流程，所见即所得

我们通过优化组件本身，通过一些方法让组件的使用规范更直观地体现，让"用对"比"用错"更容易。你可以将大家经常用错的细节，作为组件的一部分，提示在组件上。比如，将一些使用方法和注意事项写到组件旁边，或者直接设计到组件中变成占位符文字。

以"信息提示条（Alert）"这个组件为例，我们组设计师在做业务需求时，发现有些需求内容不需要标题，于是就要将组件中的标题去掉。但很多设计师出于方便快捷，直接把信息提示的内容写在了标题的位置上，而把标题下方的文字删掉了。这样就让提示条中的文字内容变成了标题，有了加粗的效果。

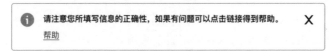

设计师出于方便快捷，直接把信息提示的内容写在了标题的位置上，文字被加粗

而一些开发就按照设计师的稿子，也给文字做了加粗，这就导致产品中的提示条样式很不统一。

发现这个问题之后，组件的设计师就对组件进行了优化，直接把使用方式写进了组件的占位符文案中，提示设计师："如果没有标题，请使用内容处的文字样式，不要加粗。"这样就可以使组件的使用规范清晰直观地体现，降低这类问题出现的概率。

😕 **以前组件的样式：**

> ℹ️ **内容的通知标题在此处。**　　　　　　　　　　　　　　　✕
> 　　其他的通知内容在此处。
> 　　链接

😊 **以后组件的样式：**

> ℹ️ **这里是标题。无标题可以去掉。**　　　　　　　　　　　　✕
> 　　这里是内容。如果无标题，请使用这里的字符样式。不要加粗。
> 　　链接

对组件进行了优化，直接把使用方式写进了组件的占位符文案中，避免错用

三、加强使用者对规范的认同感，做好信息连接

组件库的建设，其实也是在做"人与人之间的连接"，让设计和开发养成高效、专业的工作习惯，并愿意参与到规范的执行和落地中去。

1.对于设计师，规范发布机制

组件的更新和迭代都需要发布，你可以在发布的过程中注意：

（1）组件规范发布的时间**有规律**，可以一周/两周/一月发布一次，给大家建立稳定感和确定性。

（2）组件规范发布的方式**要正式**，可以以例会、月报的形式发布，并有固定的、规范的文档记录。

（3）设计师对规范的掌握情况**要检测**，可以在发布组件规范后用简单的"小考测试"等形式，对设计师的组件规范掌握情况做检测。即使是简单的选择题，也可以帮助设计师强化对于组件的理解和记忆，还可以用一些精神或物质激励，鼓励设计师认真对待。

（4）所有设计师都可以对规范**做贡献**，参与到设计规范的建设工作中，成为规范的编写者和贡献者，成就感会带来更多的认同感。

2.对于开发，同步关键内容

组件及其规范的更新也要及时同步给开发，让他们了解设计细节，一定程度上能够保证设计稿的还原度。这个过程中你需要注意：

（1）**同步关键细节**。也就是"挑内容"同步，把关键细节上的变更和修改相关的内容总结出来，给到开发。大部分开发不会关注你的设计规范推导过程，只需要知道结果。

（2）**同步文档位置和使用方式**。当开发对于细节不确定时，可以自行查找和理解设计理念。

（3）协商线上产品的**修改进度**。很多组件在更新后，以前的旧页面可能不会及时同步。这个时候设计和开发就要协商好整体的更新范围和进度，彼此有个预期。

组件涉及多个部门的协调，其规范的更新和落地流程一定不会是一帆风顺的。因此不要急于求成，可以小步迭代，逐渐优化。

058 低代码平台对于设计师的工作有什么影响？

低代码平台侧重于研究"业务模型""界面设计"与"代码实现"三者之间的关系，是协助设计工作的提效工具。

我在上一问中为大家解答了设计师和组件库之间的关系，而除了组件库，还有很多同学也在询问我如何看待低代码平台，它的兴起对于设计师的工作又有哪些影响呢？

低代码开发平台（Low-Code Development Platform，LCDP），顾名思义，就是**通过少量代码或无须代码就可以快速生成应用程序的开发平台**。借助低代码平台，你不需要像程序员一样写代码，而是**通过对组件和模块的拖、拉、拼、接就可以很迅速地搭建出一系列页面**，完成一个基础产品。

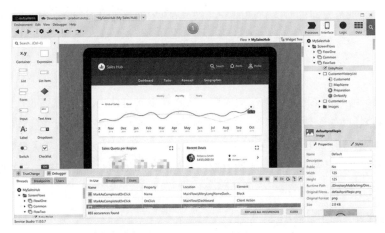

低代码平台OutSystems的功能界面

2000年，可视化编程语言诞生，也就是通过一些可视化的界面来辅助用户进行编程；2014年，著名的研究机构Forrester（全球最具影响力的独立研究咨询公司之一）正式提出低代码开发概念，并投身对该平台的研究当中，低代码平台在国外兴起；2016年，国内的低代码平台相继发布；2021年，中国市场的低代码生态体系也逐步建立了起来，正待开启一个新纪元。

作为一种帮助企业和团队快速搭建产品、实现数字化的新工具，低代码平台的核心意义有以下几点。

1.可视化

以可视化、图形化的操作界面为主，做到通俗易懂，降低使用者的操作门槛，开箱即用。同时你可以在搭建好的界面中进行试用操作，所见即所得。

2.模型化

可以通过拖、拉、拽等方式拼接平台上的组件，用来搭建页面。可以灵活定义模型中的字段、元素和大部分布局。

3.工程化

通常包含开发调试、自动发布上线、数据监测等一站式的产品开发能力。

4.扩展性

支持少量的代码扩展，可以实现一部分个性化的产品设计和开发需求，也可以和更多第三方工具联动应用，做到功能和信息的互通共享。

和组件库一样，低代码平台也是一种提效工具。但它与组件库的不同之处在于：

1.有成套的成熟解决方案

低代码平台提供的不仅是原子级别的组件，也包括页面的模板、产品功能的框架和操作流程，比如提供各类企业级应用常见的聚合表、仪表盘、报表等已经成熟的功能界面解决方案。

2.能顺畅衔接第三方工具

低代码平台可以和很多第三方工具的接口对接，比如可以与产品文档、设计工具、后台数据库等无缝对接，让工作过程更加专业、有序、可查。

3.注重流程而非单点提效

低代码平台让各个产研环节之间更易产生联动，适用于互联网产品研发的全流程，不再局限于设计和开发环节，也可以从业务、产品侧直接做输入。

理想化的情况是，业务侧和产品侧也可以轻松地使用低代码平台上提供的解决方案做出高质量的"原型图"，甚至是产品的基础版本，设计师仅需要做部分调整，开发检查优化下代码，产品就可以直接上线，比现在的工作流程要高效很多。

而且当产品侧在低代码平台上对文案做出调整后，相应的代码也会直接产生变化，这样就大大减少了"产品—设计—开发"这种单线程的沟通方式带来的细节调整上的时间成本和错误率。

不得不说,这种产研方式对于不追求个性化体验的,从0开始的,功能相对单一、通用的企业级产品是适用的。这类产品的产研场景中,低代码平台可以代替设计师和开发完成重复性、低价值的体力劳动。

不过,低代码平台在现阶段也并非适用于所有产品。这种方式做出的页面质量和功能自由度会受限于可视化编辑器所提供的服务和能力,如果编辑器不支持某种自定义的功能样式,那么产品形态在实现业务需求的过程中就会受限。所以对于业务需求和用户体验要求较高的业务领域,低代码平台目前起到的作用还很有限。

目前,接触低代码平台的设计师可以被分为两类:一类是用低代码平台的"用户",也就是自己参与的业务已经开始使用低代码平台做提效工具来做设计和研发;另一类是设计低代码平台的"设计师",也就是自己参与的业务就是低代码平台产品的设计。

对于"用户"类的设计师,使用低代码平台的一个核心思想是:**低代码平台只是协助你工作的工具,不是你的替代品。它是手,而你是脑。**你的思维和判断不要被工具所限制。你可以从重复性和低价值的工作中解脱出来,把工作的重心放在以下方面。

1.吃透业务

把时间和精力放在理解业务和用户需求、参与构建产品上,**尝试让设计思维更早地介入到产品构建的过程中。**低代码平台也可以变成你与产品和业务的无缝对接的桥梁,也更便于你了解他们的工作目标和方向。

2.去同质化

低代码平台的普遍应用会进一步带来企业级产品的同质化,这个时候更需要从用户需求切入,以商业、社会、人文等不同维度的设计创新来综合性地思考去同质化的解决方案,提升用户对于产品的认知,增强产品的差异化。

3.学新技能

工具在变化,你所掌握的技能也要随之更新。你要充分关注和了解低代码平台的功能和进展,不仅不排斥使用,还要与之一同发展。你的工作技能将不再以设计绘图技法为主,要在低代码平台带来的协作方式变革中提升新的工作技能,比如产品功能定义、设计规划、项目协调等。

对于低代码平台的"设计师"来说,设计低代码平台的一个核心思想是:**低代码平台本质上研究的是"业务模型""界面设计"与"代码实现"三者之间的关系。**所以你可以:

1. 从流程侧切入

需求、界面、代码需求、界面、代码通过一个可视化编辑器实现绑定在一起，其背后所对应的业务、**设计和研发之间的关系不可忽视**。要保证流程上的无缝对接和通畅性就需要多了解他们之间的工作协同方式。

2. 从用户侧切入

从低代码平台的核心用户入手，为业务、设计和研发分别提供有针对性的功能服务，以此提高平台功能的丰富性、易用性和可拓展性。

现阶段也只是低代码平台的起步阶段，前路漫漫。如何最大限度地赋予不同类型的用户操作权利、最大程度上实现定制化、扩展到更多业务领域，都是需要继续研究的课题。

059 设计师是否一定要学编程、写代码？

设计师是需要懂一些基础的开发知识的。学代码不是必选项，而是加分项，"兴趣"和"时间"是两个不可缺少的因素。

Z同学某次向我感慨道："时代变化得太快，感觉自己要被甩在后面了！我认识的很多设计师都能掌握一些编程语言，面试的时候直接给面试官看自己设计兼开发的个人作品集网站，感觉直接被这样的竞争对手'吊打'……你说现在的设计师究竟要不要学编程、写代码呀？"

这真的是个比较扎心的问题。虽然我个人的认知原则是"专业的人做专业的事"，而且学编程也并不是成为设计师的必要条件，但不可否认Design to Code（简称D2C，将设计转变成代码）已成为一种正在兴起的趋势。

我认为设计师是需要懂一些开发的知识的，"懂"的程度可以分为三个层次。

第一层：了解开发的工作流程和边界

这是很基础的层级，大多数设计师对于代码停留在这层也够用了。你不需要会写代码，只需要知道：

- 如何与开发进行设计稿的交接；
- 站在开发的立场上思考交接设计稿时，需要标注清楚哪些内容；
- 开发对于设计的基础认知有哪些；

- 哪些内容很容易开发或哪些内容很难开发，哪些内容在业内已经有成熟案例；
- 开发完成这些内容所需的大致时间；
- 开发的工作流程和基本逻辑，等等。

了解了这些知识后，你和开发之间的沟通障碍会少很多，你对开发工作过程中可能出现的情况也会有预判，未来出现的问题也会少很多。

第二层：了解基本的开发代码逻辑，会简单的代码

在这一层次的设计师，可以自己做出一些基础的页面或简单的交互效果。设计师具备基础的代码思维，能掌握常用的开发编程工具和一些与设计相关的编程技术。

掌握这些知识和技能可以帮助你更好地维护设计师的立场，比如当开发人员说设计稿的这个效果比较难实现时，你可以质疑和提出应对方法。当然如果你感兴趣，也可以用代码来尝试完成自己的作品集网站。

第三层：熟练应用代码，可以做出复杂的网站或设计工具

处于这个层级的设计师通常对代码很感兴趣，他们的编程能力甚至可以顶替半个开发的工作。如果你对编程很感兴趣的话，学一学的好处也不少：编程能让你从另一个角度认识设计；锻炼你的逻辑思维能力；拓宽你的设计边界和可能性；提出更多的优化方法和设计思路；同时也能提升个人竞争力。

我的前主管有一次跟我聊天时说，那年我们组需要做设计提效工具，招进来的5个设计师里有3个会编程。当然，除了工作内容上对编程有需求，会编程的设计候选人在面试的时候，不论是个人作品的呈现手段，还是聊起面试官都不太听得懂的编程语言，都会给面试官留下比较深刻的印象。编程不是设计师面试时的必选项，但却是妥妥的加分项。

不过我认为要想成为会编程的设计师，"兴趣"和"时间"是两个不可缺少的因素。

兴趣是最好的老师，有兴趣才能让你走得更远。同时也要明白"一万小时定律"，即如果你想在任何一件事情上做得足够专业，付出一定的时间和精力是必不可少的。

如果你真的也想学代码，我推荐的学习方法有以下几个：

1.报课程
你可以问问你的开发同事，让他们推荐给你几个基础的、与设计相关的课程。

2.找会代码的设计师朋友，想办法让他们教你
我之前所在的一个设计团队中就有两个编程能力很强的设计师，他们还组织过"代码

兴趣班"，给其他想学代码的设计师做基础培训。

3.从简单的、与设计相关的软件开始

你可以尝试学习Lottie动画、低代码平台，还有一些简单的个人作品集搭建网站。这些工具结合了更多的设计思维，上手也会容易些。

虽然Design to Code是一种正在兴起的趋势，但归根结底也是一种实现方案、优化体验的方式。如果你对代码感到头痛而对你的用户更感兴趣，将你的"一万小时"耐心地用在研究用户上，同样也可以做出好设计和好产品。

060 B端用户体验设计师的核心竞争力有哪些？

两个核心能力：一是对业务的理解和分析能力，二是对用户的共情和洞察能力。你要将以上两点结合自己的长板，变成你作为B端体验设计师的个人竞争力。

B端体验设计师需具备哪些核心竞争力？以及怎样去提高自己的核心竞争力？

诸如设计思考能力、设计表达能力等B端、C端设计师都需要具备的通用能力，我这里就不多说了，重点给大家分享下我认为B端体验设计师最需要具备的两个核心能力：一是对业务的理解和分析能力，二是对用户的共情和洞察能力。

一、对于业务的理解和分析能力

通常来说C端产品的使用门槛低，设计师自己就是产品的用户，好处就是你很容易就可以搞清楚产品的功能和内在逻辑。但B端则不然，不仅业务逻辑要比C端复杂几倍，使用门槛也高很多，比如：

- 很多B端产品的核心功能都只能通过测试账号去尝试，能够深入使用和充分调研的竞品更是少之又少。
- B端产品的操作链路通常会比较冗长和复杂，这对于设计师和用户的耐心及理解能力都是考验。

所以作为B端产品的体验设计师，不能只将设计重点放在产品功能的单点突破上，而要注重全流程上的体验优化。所谓的"全流程"优化，就需要你真正理解和吃透业务，了解产品背后的复杂框架逻辑，这样才能做出有价值的设计决策，找到恰当的解决方案。

二、对于用户的共情和洞察能力

随着越来越多新产品的诞生，B端产品的竞争也越发激烈。很多B端产品也不得不开始重视用户体验和产品的易用性了。但基于业务和产品的固有属性，B端产品目前还不可能做到完全个性化的呈现和表达，设计风格和样式不能太独特、太吸睛或太细腻。

另外，不同于C端产品，很多B端设计师本身并不是产品的主体用户，很少能真正设身处地地站在用户的角度思考问题。所以体察用户需求并能够"适度"地表现出来，对于B端设计师来说是一个难点。

- 体察用户，意味着你要转换你自己的思维认知和观察视角。就像我在前文所述，你关心的是几百元的优惠，而你的用户在意的是几百万元的账款。这中间并不是几个0的差距，而是需求和观念的差别。
- 适度表达，意味着你要不忘初心并且目标明确。既要帮助用户高效地完成操作，又要保证产品整体的通用性和合规性。当我们不以"效率至上"或"体验至上"为目标时，你的设计产出应当是综合评估各项利弊后的最优解。

那么作为B端体验设计师，我们该如何提升个人的核心竞争力呢？
没有一步到位的方法，唯有厚积薄发。你可以努力做到以下几点。

1. 多经历，多实践
实战经验是必不可少的。在实际的项目中摸爬滚打是最快的成长方式。不要小瞧任何一个小需求。我们曾在"040 刚进入B端行业，如何深入了解业务呢？"一问中为大家解答了由浅入深理解B端复杂业务的方法，你可以翻看一下。

2. 多思考，多总结
学会总结会让你的进步速度加倍。不仅是对设计方法和经验的总结，也包括对工作模式和思维认知的总结。你可以在"065设计复盘应该怎么做？"中了解除了设计技巧，我们还可以沉淀哪些设计经验。以及在"068 如何建立自己的知识体系？"中了解知识体系应该如何建立。

3. 与个人长板结合
这一条主要看你所擅长的能力是什么。你自己的长板，也是你独一无二、无法被别人轻易代替的点。如果你的个人特点可以和以上两个核心竞争力结合，就会让自己更具竞争力。

比如，你很擅长 B 端设计系统的搭建工作，并对业务有深入的理解，你所搭建的设计系统是一种有针对性的业务组件，能够为业务充分赋能。在这个过程中你积累了相当充足的工作经验，这就是你个人无法被他人替代的核心竞争力。

我用B端体验设计师为例，为你讲解了设计师的核心竞争力以及提升核心竞争力的方法，你也可以把这种分析思路用于总结你所在的工作行业中需要你具备的核心竞争力，以及思考提升你个人竞争力的方法。

061 工作中的职业素养不够高，该如何提升？

职场不是学校，公司和团队没有义务培养你的职业能力。一切提升都要靠自己，要主动学习，更要学会为自己创造学习的机会。

一位刚踏入职场不久的同学问我："请问你们日常工作中，会有一些工作方式的培训吗？比如培训你们如何撰写各类文档，如何进行部门内或者跨部门的沟通，等等。"

如果你所在的公司会提供给员工这样的培训，那么恭喜你，你是幸运的，可要抓紧时间多学多练。但其实大部分情况下，公司或团队是不会安排这种职业素养类的专项教学的。要知道职场不是学校，公司和团队没有义务教给你正确的工作方式或培养你的职业能力。一切学习和吸收都要靠自己。

为什么要有面试这一环节呢？是为了做初步筛选，为了考察你是否具备这些基本的协作和沟通能力，确保你的综合素养符合职位的要求。不过如果你是校招生或工作年限较短，在工作过程中发现自己这类职业能力有欠缺，我可以给你几条建议，帮助你快速提升。

1.不懂就问，多向他人请教和学习

如果你认可你的领导或某一位同事的能力，你可以将他当作标杆，学习他处理问题的方式和沟通事情的方法。

如果你刚入职，对于文档的书写规范和要求并不了解，对跨部门之间的沟通方式和风格不熟悉，也不要怕丢人，多向他人请教。谦虚好问是最好的美德之一，工作前多问一句，可能会减少后续很多麻烦。

2.想办法为自己创造学习机会

通常来说，一个团队每个季度都会搞几次小规模的分享会，有的会是用来分享专业知识，进行专业能力提升的；有的会是用来分享兴趣爱好，拉近彼此距离的。你可以向会议的组织人提意见，安排以工作素养为专题的分享会。一次会议一个主题，比如这次分享工作中的沟通方法、技巧和相关实战案例，下次分享工作文档的撰写方式等。每个人都可以参与发言和分享自己的工作经验。

这样的学习方式更加高效，大家也可以利用这样的机会对彼此的工作做更多的了解，吸取他人的经验教训，还可以拉近团队的凝聚力，一举多得。

3.学会"临摹"，先"抄"后"超"

你可以多去看其他已经完成的项目保留下来的过程文档，自己梳理这些项目的流程经验、常见问题和写文档的通用结构。下次写相似类型的文档时，先"半临摹"地参考着写。

为什么不建议你先直接"临摹"市面上其他公司的文档呢？因为每个公司和团队的工作方式都有既定的风格，参考自己团队内部优秀的文件资料更有助于潜移默化地形成对于团队的认知。当你慢慢稳定下来，熟练掌握工作要领时，可以再对内容进行查漏补缺和优化更新。

没有人天生就会工作，只是闻道有先后而已。我们大多都会经历这个过程：先"抄"，也就是先学习；再"操"，也就是反复操练；最后是"超"，也就是实现超越。

希望这些方法可以帮助你快速找到职场工作节奏，把握职场的工作要领。

062 在工作中如何主动给自己找"正事"做？

"主动性"是一个优秀设计师应该具备的素质之一。我们可以从业务目标、产品目标、用户目标、领导目标、团队目标这五个维度来看看可以做哪些事情。

一位同学有一天问了我一个有趣的问题："我想知道当我的工作已经能保质保量地完成了，怎么再给自己'找事儿'做呢？就是除了日常的需求之外，如何主动挖掘一些赋能业务或者部门的事情做呢？"

我觉得这个问题问得很好，因为"主动性"是一个优秀设计师应该具备的素质之一。关于如何在工作中变得"主动"，方法论有很多，但我认为价值观只有一条：利他之心。

职场上的"主动"包含两个方面：一是你认为自己很主动；二是他人认为你很主动。第一点主要靠个人对于工作的兴趣和专业能力，大部分人努力都是可以做到的；而第二点主要看你是否能够站在他人视角，用"利他"的思维做事情，让他人感受到你的"主动"。这有点儿难，因为它有些反人性。

如果你"主动工作"的出发点不是"利他"而是"利己"，你的动作可能就会变形，因为你会经常思考这样的问题：

- 你的付出和收获是否成正比；

- 你和同事相比得到的评价是否公平；
- 你会下意识地自我保护，谨防吃亏；
- 你会对自己有更多感性上的不切实际的期待，而忽略理性的客观评判。

你最常说的一句话将会是"为什么我付出了这么多，他人却都不认可？"

事实是，在错误的方向上不断地努力，人就会变得越来越"内卷"。但真正良性的"主动"绝不是"内卷"，这种"主动"会为你和他人带来快乐和正能量。在"主动工作"的过程中，"利他"之心会让你的"主动"更有价值，更容易被看到、被认可。

因此，本着"利他"之心，除了完成日常的设计需求外，你可以试试这样做：和各个相关方**对齐目标**，也就是**让你的工作目标与他人的目标相匹配**。

如果你是体验设计师，可以从业务目标、产品目标、用户目标、领导目标、团队目标这五个维度来看看可以做哪些事情。

1.业务目标

深入业务，明晰逻辑。你需要充分地了解业务目标，对业务逻辑进行深入挖掘，发现和解决深层次的业务问题。

这也需要你跟业务方深入地交流，了解业务方对你的期待。你可以看看自己在当前的业务需求里面，哪些还没有达到预期，哪些只是刚刚合格，哪些必须做得更好。

在"002 合格的体验设计师，应该如何完成设计需求？"中也提到过设计师对于业务需求的承接方式，你可以尝试应用。

2.产品目标

打磨细节，优化体验。产品体验没有最优，只有更优。你可以推敲设计细节，思考体验创新性，提出行业内新的解决方案和表现手段，尝试做功能上或流程上的设计变革，甚至可以为产品和方案申请专利保护。

3.用户目标

了解用户，体验共情。这需要你站在用户的角度思考产品功能和体验，看看哪些是用户想要而产品没有满足的，如何调整才能更加符合用户的预期。你需要运用专业的设计工具和方法，捕捉用户数据、想法和需求，并提出优化方案。

4.领导目标

对齐目标，超出预期。你可以看看领导对你有哪些预期，努力超过他的预期。通常来说，上级的业绩是由下级决定的，你的领导自然会对你的工作产出有所期待和要求。你可以去了解领导的工作目标和指标，通过高质量地完成任务来帮助领导达成目标，这样你的付出也更有价值。

5.团队目标

赋能团队，成就自己。除了思考个人努力的方法，你也可以想想团队的工作效率和专业质量如何才能提高。你在设计过程中用到的具备通用性的设计思路和方法，可以做好总结和复盘，这既是对自己能力的巩固，也可以帮助他人扩展和应用到其他类似的问题中。

综合以上几点思考，你就可以总结出自己的工作目标和定位了。这样确定出的工作目标和工作完成方式，既会成就自己，也会成就他人。

"对齐目标"只是众多方法中的一种，相信本着"利他"的价值观，你一定还会找到更多有效的方法。

063 如何发现自己设计稿中的问题?

首先要保持一个认真且积极的态度面对问题，其次可以多看、多做、多用、多问。

C同学问我的一个问题很有代表性，我把它整理出来分享给你，希望对你的学习和工作有帮助：

"我最近去面试，发现面试官会针对具体方案，提出一些很细致的问题，比如筛选项的样式为什么是这样？这里按钮的优先级是不是不对？等等。这些问题都是我在平时根本没有注意或思考到的。我发现一部分细节都是产品的设计规范已经定义好了的，另一部分则是我思考得不到位。

被面试官问到之后我认真地想了想，觉得设计方案确实有些欠妥当，都是可以被优化的点。

但是在日常工作中，我的团队里只有我一个B端设计师，没有人会给我指出这些问题。那我自己要怎么去突破这种思维和认知障碍，找到自己设计中的问题所在并加以优化呢？"

这是个很好的问题。**挑战自我、审视自身是一件很难的事情，或者说这是一件反人性的事情。**大多数人都不会心甘情愿地承认和正视自身的问题，很多人看到问题会本能地选择逃避，故作不知；还有一部分人会选择反驳、狡辩或推卸责任；只有少数人会想勇敢面对并积极寻找解决方案。

因此，当你发现自己的问题并敢于正视它，你就已经踏上成功之路了。你的态度认真且积极，这就是成功的开始。

我有几个方法，简单却实用，你可以尝试用于发现问题。

1.要多看：先提高眼界和评价标准

实践案例和好的产品设计看得越多，就越会帮助你形成较高的设计评判标准。多去调研和分析竞品，把竞品中的设计解决案例和自己的设计方案放在一起做比较，也能看出其中的很多差异，再做分析和评判。这样对于自己的设计也就会有更多的思考和审视，你的设计水平就会逐步提升。

2.要多做：一个需求多个解决方案

把每一个设计的小需求或者小细节都当成是设计思考的机会，对于一个需求多做出几套方案，并加以分析和比较，从中确定最优解。你在做出两三套不同设计方案的过程中，就会对设计细节有更多的思考和发现，学习和钻研的程度就会比你仅做出一套方案更深入。

3.要多用：产品的问题是用出来的

B端产品和C端产品不同，设计师去做产品设计验证的门槛比较高。越是这样，就越不能嫌验证工作麻烦。可以经常让自己做用户角色扮演，对于自己设计的产品多做试用，你会发现"用"产品和"画"稿子，带给你的感受和发现是不同的。"用"会帮助你更快地发现和定义问题，尤其可以关注那些第一感受就不是很舒服的小细节或不是很顺畅的使用流程。

4.要多问：多和其他设计师交流

这就需要你学会借助外力，多和别人交流。如果你在一个多人设计团队，可以请其他设计师帮助你挑问题；如果你所在的设计团队人数少或仅有你一人，你也可以把稿子里的重要业务信息隐藏掉，发到我们的设计星球群里，让群里的设计师一起帮你提意见和找问题。当然，你也需要结合业务背景有自己的判断标准，对于大家的意见取其精华，选择性接受。

保持一个认真且积极的态度面对问题，然后多看、多做、多用、多问，相信用不了多久，你就会看到自己的进步。

064 刚入职时接到的产品体验走查报告，应该怎么写？

体验分析报告没有绝对标准的形式或答案，你需要针对具体的业务目标和产品特征，制定有针对性的走查方案和分析方法，输出对于业务有价值的内容。

如果你刚入职一家公司或刚加入一个团队，你的老板可能会给你布置这样一个任务：希望你能够对公司的某款产品做体验走查，输出体验报告或者给团队做汇报。看看下列情形你是不是遇到过。

"我刚加入一个做C端产品的团队，领导说要看一下我对目前产品体验的思考，方法与内容都不限。想问下C端体验走查汇报怎么做呢。"

"我是刚入职的应届毕业生。老板让我对公司上线的产品进行体验并提出建议，但是我感觉我对业务一无所知，对产品体验方面也无从下手。只看界面设计的话我觉得很一般，没有什么复杂的功能。所以这个体验报告怎么写呢？有没有模板可以参考呀？"

老板给新人布置体验产品并梳理报告这个任务，有以下几个原因：

一是老板**给你一个熟悉和了解产品的机会**，让你借助这个机会对产品进行学习和摸底。

二是因为你是新手，所以没有太多既有的框架限制，对产品会有更新的审视视角，可**以带来更多不一样的观点和认知**。

三是可以看看你对于**设计思维和方法的理解和掌握，如何发现和分析问题**。敏锐地捕捉和分析问题，是设计师需要具备的基本能力。

说回产品的体验分析报告。体验分析报告没有绝对标准的形式或答案，你需要针对具**体的业务目标和产品特征，制定有针对性的走查方案和分析方法，输出对于业务有价值的内容**。因此我通常不建议这些同学去套用报告模板来完成任务。看上去模板有规矩的框架和思路，实则常常文不对题，无法对症下药。

那么我们遇到这类任务时，该如何下手呢？我推荐结合你的业务属性和产品特点，从以下几个维度切入。

1. 了解业务目标，确定侧重点

设计的价值在于赋能业务，你的产品体验优化就是为了解决业务问题，完成业务目标。因此你需要理解业务和产品背景及目标，这些信息可以帮助你：

（1）**挑选出体验研究的侧重点**：如果你发现时间紧任务重，可以以业务目标为参照，挑选出需要重点研究的功能和环节。

（2）**建立判断设计质量的标准**：产品体验受制于很多因素，并不能简单地评价优劣，衡量其质量的标准之一就是"是否达到了业务目标"。

（3）**从更多维度思考体验优化**：了解业务的目标可以帮助你判断出产品的盈利模式，让你不仅从设计视角看问题，也可以从商业模式上思考创新优化，对于设计体验有更多维度的输入。

2. 产品实际的使用体验

你需要记录对产品的第一感受，这也是老板让你这位"新人"来完成这份体验报告的原因之一。你要将自己当作产品的用户，完整体验一遍产品的主要功能和流程，并把过程详细地记录下来，包括且不限于：

- 你基于现有信息对于功能的理解。
- 要完成功能需要哪些步骤。
- 每一步骤中你的感受和问题有哪些？
- 完成功能的使用时长，每一步使用的时长。
- 是否能够独立完成？
- 整体的使用感受和评分等。

通过梳理这些内容，你会初步找到一些问题点和机会点。你可以参考"008 用户体验地图应该如何使用？"中提到的输出形式，进行分析和整理。

3. 产品逻辑和场景梳理

你需要全面了解产品的整体架构、逻辑和场景分类。这样做既可以帮助你学习和深入了解功能场景，也可以让你站在更宏观的角度看待整个产品。只有把产品看得全，你才不会产生偏见，观点才不会局限。

你可以通过翻阅设计稿、PRD，或者请教最懂行的同事来厘清整体思路。当你将梳理出来的产品逻辑架构与你的使用体验相对照，一定也会有不少新发现。

4. 产品视觉及交互样式

这是产品带给你的最直观感受，也是可以与竞品直接对比的方面。视觉和交互的样式会受制于产品的用户喜好和品牌调性，你可以从这两个方面切入做对比和分析。

如果产品的视觉和交互没有明显问题，且今年的业务也没有品牌升级的目标，我建议你不用花太多的时间和精力在这一部分，因为这些内容相对表层，并不会给产品带来功能体验上的革新。你能够借此机会将用户特点及产品品牌风格梳理清楚即可。

5. 产品的用户行为数据

产品如果能提供后台数据，对你分析产品主要的卡点和关键发力点也会有帮助。数据就是另一种用户信息的表现形式，收集用户数据不是目的，只是帮助你找到产品卡点和问题的手段。

如果有资源，你可以多去盘点后台数据，看看能不能找到新的突破口；如果没有资源，你也可以把你觉得应该有的工具和工作方法整理出来，在汇报之后尝试向领导申请资源支持。

我提供的这些思路供你参考，你也可以从其他维度做切入进行分析。另外我也有以下一些工作上的小建议分享给你。

（1）做好工作规划，小步迭代。

产品的体验维度有很多方面，工具也有很多种，时间可长可短，因此体验报告的侧重点也要根据业务目标做规划。你可以先制定体验分析报告框架，和你的老板做一轮信息对焦，汇报下你的准备进度和学习成果，也听听他的意见。当确定你的工作方向正确之后，再开展正式的工作。

（2）产品体验没有最好，只有更好。

你也不需要担心因为不了解产品而理不出产品的具体问题，因为现在还不存在"完美的产品"，每款产品都会有自己的局限性和待优化方向。对于用户体验来说，从来都是没有最好，只有更好。

（3）学会求助和借鉴，效率更高。

当自己不了解或摸不清产品的头绪的时候，可以找同事帮忙解答困惑，很多事情多一个人就多一条路。学习和借鉴前辈们已经积累下来的体验分析内容不仅可以帮助你有效避坑，也会为你减少很多重复性的工作量。

刚入职的这个阶段是你问问题的好时机，一定要借此机会多思考、多请教。

065 设计复盘应该怎么做？

总结成功的经验，吸取失败的教训，沉淀通用的技巧。把之前的经验变为之后的养料，这才是复盘的意义所在。

Y同学问我："一般一个设计需求做完后，可以通过哪几个方面进行设计复盘呢？有些项目比较大，复盘得很零散；有些需求又太小，完全不知道能复盘什么东西，设计复盘到底应该怎么做呢？"

很多同学其实并不理解什么是"复盘"。从字面上看，"复盘"似乎就是"把做过的事情重复盘点一遍"。但复盘的目的，并不是为了总结你做了哪些事情，而是从你做这些事情的过程和结果中，总结成功经验，吸取失败教训，沉淀通用技巧。**把之前的经验变为之后的养料，这才是复盘的意义所在。**

那么作为设计师，当完成一项设计需求之后，我们可以从哪些方面进行复盘呢？

一、对于"事"的复盘

首先是对于项目本身的复盘。我们刚刚说过，仅是总结和复刻项目的目标、过程和结果，是达不到复盘的效果的。对于"事"的复盘，意味着你对项目进展的每一步都要分析。

举个例子，如果一个项目按照以下四个步骤完成：

• 定义设计目标；

- 分析用户需求；
- 探索可行方案；
- 产出设计成果。

那你的复盘就可以这样做：

1.先总评这四个步骤

你可以结合项目的成果质量，整体对比来看这些步骤的完成情况。你可以从"理想"和"现实"两个方面出发，用一些问题帮助自己厘清思路，比如：

- 理想情况下：
  - 满分10分，这个项目我总分打多少分？
  - 这四个步骤里我最擅长哪一步？
  - 每一步应该是多少分？
- 现实情况下：
  - 这个项目我总分打多少分？
  - 这四个步骤分别打分，哪一步是最低分？哪一步是最高分？
  - 哪一步与我预想中的偏差最大？

2.对每一步做单独分析

你可以从"Continue（延续）""Stop（停止）""Start（开始）"三个方面出发，评估每一个步骤。

举个例子：对于"分析用户需求"这一步，可以回忆工作的整个过程，并思考在这个过程中：

- Continue（延续）：哪些工作习惯是值得继续保持的？哪些设计分析方法是可以被沉淀以备复用的？
- Stop（停止）：哪些工作是要停止和摒弃的？哪些时间和精力是浪费掉的？
- Start（开始）：哪些工作经验是要重新学习和开始积累的？下次类似的工作中可以尝试的新方法和新思路有哪些？

其他的几个步骤"定义设计目标""探索可行方案"和"产出设计成果"的复盘思考方式也是如此。按照这种方式整理和沉淀下来的设计资产和工作经验会更有条理和借鉴意义。

二、对于"人"的复盘

对于"人"的复盘指的是除了工作和专业之外，对于你自己的行为和处事方式的复盘，以此来积累职场认识和经验。同样可以沿用我们上述的思路方法。

1.复盘自己的工作规划目标

- 这个项目中，自己为人处世是否令自己满意？如果打分，可以打几分？
- 是否较上个项目相比，有了进步或倒退？原因是什么？
- 当下工作是否偏离了我的工作规划？是否能帮助我达到下一步的人生目标？

每天都根据总目标，不停地复盘，不停地修正，小幅度地调整即将偏离的方向，也是一种进步。这种进步会让你更好地锁定目标，高效地积累职场经验。

2.结合总目标，复盘本次项目

我们同样可以从"Continue（延续）""Stop（停止）""Start（开始）"三个方面出发，进行复盘：

- Continue（延续）：这次项目中我的哪些行为和习惯是值得继续做和保持的？
- Stop（停止）：哪些行为会让和我合作的同事不舒服？是应该被改掉和注意的？
- Start（开始）：我这次项目中看到了哪些他人的好的处事方式？我要应用在日后的沟通和处事中去。

所以你看，复盘不在于项目的大小，而在于你能从中汲取到什么。即使没有专业技能上的"事"的沉淀，也可以在职场经验上的"人"的层面进行总结和修正。

复盘是我们工作中一件很重要的任务，因此我也建议你做出一定的"仪式感"，作为你认真对待这件事情的开始。你可以这样做。

1.找到合适的工具和载体

形式没有约束，可以用文档、图片甚至语音；方法不必复杂，只要能够帮助你建立结构性、有条理的总结方式即可。

2.在时间上做制度和规范

定期、有规律地复盘，比如每个项目结束后都可以来一次复盘；每周或每个月，自己对自己的工作表现来一个整体的复盘；甚至每天你都可以对自己的表现和工作的进展进行复盘和记录。

项目复盘的方法总结

现在你知道了，做完项目后的"项目评估""成果展示""奖惩评定"从严格意义上来说，都不算是复盘。复盘要有一个完整的学习逻辑，不只是解决和总结当前项目中的问题，也要从中举一反三，找出成功或失败经验和规律，以为复用。

066 如何阅读和学习不同类型的设计文章？

设计文章有很多种类，阅读时要有自己的辨识能力和判断能力，并带有一定的目的和特定的方法。

S同学有一天问了我一个很有意思的问题：

"我们平时应该怎样看设计类的文章来学习呢？现在能看到的文章太多太杂，看过之后感觉就只是'看过了'，但不知道该怎样沉淀下来。我应该怎样阅读文章并积累和总结经验，才能更快地进步呢？"

其实我们通过各个渠道能看到的设计文章有很多种类，我就聊聊三种最常见的设计文章类型，当你带有一定的目的和特定的方法去阅读工具类文章，往往会事半功倍。

一、基础知识整理类的文章

这类文章的内容通常是以"对于某一个设计概念的浅析"为主。大部分文章的作者并不需要深入了解设计概念，只需要多参考行业内已有的文章和资料，进行拼接、总结和删减，以输出基础性知识。这类文章的特点是：

- 相当于作者在做读书笔记，帮助读者对零散的资料进行初步筛选汇总。
- 文章内容属于基础知识，不会太深入，也几乎不包含相关的应用和实战经验。
- 文章的质量和信息的真实性，很大程度上依赖作者的认知思维、整理能力和责任心。
- 常见的内容是与当下的流行设计趋势或新兴设计概念相关的内容，标题可能会起得比较夸张，以吸引读者的好奇心。

这类文章比较适合用于了解某个设计概念的基础知识。你在阅读时还要注意：

（1）尽量选择**权威**平台发布的或相对专业的设计师撰写的文章来阅读。

（2）一个设计概念要多找几篇文章来同时阅读，**多种角度、多方输入，不要仅信一家**之言。

二、项目过程分享类的文章

这类文章的内容通常是对于"一个项目的全流程进行分析总结"。很多大厂、中厂的设计部门的公众号就以发布这类内容为主。这类文章的特点是：

- 从一个项目的开始到结束，详细地介绍项目经历的过程、所用的设计方法、解决的设计问题以及最终达到的设计成果。
- 相当于是在向读者进行一个设计项目的成果汇报，所以你也经常会看到这类文章的配图是汇报时所用的PPT。
- 虽然涉及业务的关键数据会被隐藏和去掉，但设计方法通常会保留完整，甚至为了汇报效果的完整性，后续在整理时也会做一些补充。

这类文章在阅读的过程中是会有比较好的观感的，你也会了解到其他公司的设计团队是如何承接设计需求和规划设计流程的。但由于每个项目的过程繁杂，且要解决的问题五花八门，所以要想真正有收获，还是需要你注意：

（1）对整篇文章**进行思路和流程的框架提炼**，了解整体设计工作流程和设计思维。设计师面对的产品需求和设计问题一定各不相同，但解决问题的设计思维和工作流程却可以相互借鉴。

（2）将这类文章按照课题做归类，**比较同一类课题下的不同公司的设计策略和解决方案，总结共性与不同**，可以加深学习印象和思考深度。

（3）不同于思维和流程，每个项目中的方案和解法都只是在特定背景环境下针对某一产品起作用，因此并不一定具备通用性。所以**方案和解法不能完全照搬照套**，在你具体应用时要结合你的产品需求和特点，活学活用。

三、个人经验分享类的文章

这类文章的内容通常是作者对于"个人专业认知和工作经验的总结"。文章中的概念和内容并非是业内已认可的通识性原则，而是来自于作者在个人实践工作中的经验总结。这类文章的特点是：

- 由于文章内容和作者的主观认知与工作经验强绑定，所以内容输出的质量主要依赖作者的实践经验和总结能力。
- 更有针对性地、接地气地解决单点性问题。会将一个设计概念进行深度剖析，不仅解释得清基础知识，还提供经验式的实操建议，防止走弯路。
- 文章中的设计知识通常不是行业内已经被广泛认可的通识，所以很多概念初次阅读可能会带有一种"熟悉的陌生感"。

看这类文章你需要注意的是：

（1）一定要有自己的辨识能力和判断能力，也要尽量选择相对专业的设计师撰写的文章来阅读。

（2）你可以做选择性的学习。这类文章中不排除作者自己根据经验创造设计概念的可能性，但由于行业内尚未对这类概念达成一致，所以**概念的名称并不重要**，重要的是学习**作者的经验和思路**。

我举个例子来帮助你更好地理解这条建议：

L同学在知识星球中发给我一篇文章的链接，并问我："我看上面这个文章里面写了一个'过渡页面'的概念，请问是这样定义的吗？我怎么感觉不太对啊，感觉不太好理解。"

我仔细看了看文章，发现这就是一篇作者个人经验总结的文章。文章中作者按照用户对于页面专注力的高低，将B端产品的页面类型进行了划分。其中作者把产品中进行内容分发的页面叫作"过渡页面"，但从作者在文章中给出的描述来看，我们也可以把这类页面叫作"暂停页面""聚合页面""分发页面"等，都可以用于表示"用户暂时停留并找到目标"的含义。

可见这类文章中的概念名称并不具备标杆性，你在阅读的过程中不需要太多纠结于作者为了总结经验而创造的新名词上，而是部分性地、有选择性地学习。比如可以学习下作者的工作思路，从"用户专注力"的维度思考B端产品体验设计，也是一种不错的思考方式，这比记住他的创造出的概念更有价值。

当然，说句题外话，作为设计内容和经验的输出者，我个人也不倾向或鼓励自创设计概念或新名词，因为这样做有可能会对一些没有形成判断力的初级设计师产生误导或概念混淆。知识输出立场不应该是引流或盈利，而是思维上的引导和学习上的帮助。

互联网时代下的信息传播高度扁平化，很多内容平台创作门槛降低，也成为更多人用来传播观点和输出经验的工具。这个时候更需要每位创作者都对自己产出的内容负责，每位读者也都要形成自我判断力。

067 有哪些学习方法可以将知识掌握得更牢固？

学习方法没有绝对的正确与否，只有合适的才是最好的。学习和实践不分家，学以致用，持续输出，会对你掌握知识更有帮助。

我在知识星球中经常说的一句话是：学得又快又好，是因为你掌握了适合自己的学习方法。曾经不止一位同学跟我诉苦说感觉自己"学习学不出效果"，大家的问题都很类似：

- 总感觉很多知识学了就忘，即使做了笔记也很难记住，该怎么办？
- 有些知识学了也不知道如何灵活运用，用的时候都是照葫芦画瓢，怎么才能不生拉硬套呢？
- 是不是应该多看看大厂的项目复盘？如果我对这些内容进行抄录或者做笔记，这是不是一种正确的学习方法呢？

这些问题的共性是，没有找到适合自己的学习方法。关于学习方法我有一些经验和观点分享给你。

1.学以致用，本身也是一种学习方式

很多人会把学习和实践拆开看，学习是学习，实践是实践。但其实学习学不出效果、白纸黑字的内容记不住，通常都是因为没有实践。**一边学一边用，也是一种学习方式。**

我个人对于知识的获取，大概有70%来自日常工作的实践、复盘和总结。在工作中遇到了问题就做有针对性的学习补充，一边学一边用。工作做完了，知识也学会了，还能够在过程中举一反三，形成新的见解。

当然，我这么说你看着容易，其实执行起来并不简单。这种学习方法建立在你已经熟练掌握了设计工作流程，并已经构建起比较完整的设计思维的基础之上，同时也要求你：

- 有主动思考的能力，善于发现问题；
- 有鉴别知识的能力，对查找到的知识有准确的判断和衡量标准；
- 有灵活应用的能力，不被知识约束，能够迅速与现实问题进行结合思考和实践应用；
- 有举一反三的能力，既善于总结，也能够发散，建立自己的知识体系；

- 有明确的目标，始终知道自己在做什么，不会轻易被带偏。

2.真的理解了，就用通俗的语言讲出来

我来大厂工作时，听到的第一个让我印象深刻的道理就是"最好的输入是输出"。这与我不断地整理公众号文章、经营知识星球的原因不谋而合。这句话的意思是：通过对外输出，你可以更好地掌握学到的知识。

因此，对于学到的知识，你如果能够：

- 完整详细地讲给他人听；
- 让他人能够听得懂；
- 回答得出对方根据这个知识提出的各种问题；
- 自我反思和不断质疑，并能想办法找到答案。

这才说明你基本理解了这个知识点。

这么做还有另一个好处。我们都知道"独学而无友，则孤陋而寡闻"的道理。把知识与他人分享，从与他人的交流中也可以获得新的观点、产生新的洞见。即便是由此引发争论，也会让你对知识的记忆更加深刻。

3.方式不分对错，合适的就是最好的

不要在"我的学习方式是否正确"这个问题上太过纠结，学习方法没有绝对的正确与否，有的只是合适与否。

我在"066 如何阅读和学习不同类型的设计文章？"一文中给大家介绍过一些阅读设计类文章的学习方法。多看高质量的设计分析文章和大厂的项目复盘，肯定会对你的设计思维和工作认知有一定的帮助。但不管是你去"抄录这些文章的内容"还是"逐字逐句地详细阅读文章"，这些方式没有高低好坏之分。**你学习的目的是：将他人总结的知识变成自己的智慧，在某一天需要的时候能够为己所用。**能帮助你达到这个目的的学习方式有很多种，选择一种或几种最适合自己的方式就可以。

就跟你补充维生素C一样，有些人吃维C含片补得快，有些人多吃水果补得快，哪一种方式更适合自己的身体偏好和生活习惯，你就选哪一种。

学习知识也是一个道理，对于有些人来说摘抄笔记可能很管用，但对于另一些人来说笔记做得再漂亮，也并不一定会对内容心领神会。所以获取知识的方式本身并不是最关键的，而过程中你对于知识的吸收和应用的效果才最关键。如果效果不好，就赶紧尝试换另一种方式。

勤未必能补拙。学习还是要找到适合自己的方法，才能事半功倍。

068 如何建立自己的知识体系？

对于单个的知识点，要先认识、再理解、后融入潜意识，才更容易与你脑海中的其他知识点相结合，形成体系。而对于知识体系，其实是将知识点熟练掌握到一定高度之后的关联性反应，即你的本能认识反馈。

我的知识星球中有很多爱思考的同学，他们除了用正确的方法积累知识和学习之外，也在探索认知上的升级。L同学就问过我这样一个问题：

"自己的知识体系该如何构建呢？具体实施上有没有什么方法和经验？我觉得我的设计知识掌握得不系统，是不是因为我还没有建立起自己的知识体系呢？"

我们来看看什么才是"知识体系"。"知识"可以泛指我们通过各种方式获得的认知和经验；"体系"可以泛指一定范围内的事物按照一定的秩序和联系组合而成的整体。但是把知识都分组、归档并按照一定的秩序排列组合起来，就能够建立起知识体系了吗？

看到L同学的这个问题时，我也在想，我的知识体系是什么样子的？我好像从来都没有见过它的全貌，也从没有刻意地把它介绍给其他人。但它似乎就在我的脑海和意识中，在我遇到问题时帮助我厘清思路和找到方法。我也知道，**每天的思考和经历都在反哺着我的知识体系，它在我不断的学习和实践中逐渐充实**。时至今日，我依旧看不全甚至看不清它的全貌，但这并不重要。只要在我需要的时候，它能够及时出现和我并肩作战就足够了。

你可能会发现，我所描绘的"知识体系"，**是活的，是有生命的，是可以自我生长和构建的，是需要我去用学习和实践来为其提供养分的**。

我们每个人的知识体系以及形成知识体系的方法都是独一无二的。不过知识体系是由很多个知识点构成的，我认为我们在理解和掌握知识点时通常都会经历三个阶段。

1.初级阶段，认识和了解

在这个阶段，你刚刚接触到某个知识点，仅仅是初步了解。如果你足够聪明，很可能会一字不落地将它背出来，但即便是这样，你也不一定会在恰当的时候正确地使用它。

2.中级阶段，理解和应用

在这个阶段，你可以通过一些实践机会将初级阶段中的知识点加以应用，在此过程中会加深你对知识点的理解和认识。通过一次又一次的实践经历，你会将这个知识点掌握得更加牢固，你已经可以独立地走完整个流程，并不断地积累在过程中遇到的问题和产生的思考，形成一些自己的判断。

3.高级阶段，融合和创新

在这个阶段，你已经不再是单纯照本宣科地应用知识点了。经过无数遍的"思考、实践、总结"的循环之后，这个知识点已经变成了你的潜意识，成为了一种"条件反射"，就像"渴了就想喝点水"一样，深刻地融入到了你的骨髓中，融合到了你的认知中。也就是说在之后的工作中，当你遇到了类似的问题或情景时，这个知识点就会立即从你的脑海中跳出来，告诉你可以怎样做，要注意避免哪些"坑点"，并且面对不同的问题可以**灵活地、选择性地结合其他方法，创造出更多新思路**。

在初级阶段，新知识点在你的认知中是单独的存在，就像飘在空中的种子，随时也会有随风飘去的可能；在中级阶段，这个知识点会通过实践被慢慢地强化，在你的认知中变得强壮并生根发芽；在高级阶段，这个知识点会融合到你的认知中，与其他的知识点相连通，从而形成知识体系。这就好像是枝芽会变为藤蔓，与其他的藤蔓相连接，渐渐形成郁郁葱葱的一片林。

我们上文提到过，知识体系是由很多个知识点连接构成的。不过，知识点和知识体系的关系并不这么简单。

多个你已经牢牢掌握的知识点，相互结合后会形成一个知识体系。之后你所接触到的与这个知识体系中的每一个知识点相关联的新知识点，都会对这个知识体系做进一步的编织和强化。而这些知识点之间也会相互融合、转化和碰撞，产生新的知识点或生成新的藤蔓。**知识点和知识体系在你不断学习和实践的过程中，相互补充和强化着彼此**。

因此，知识点和知识体系是相互促进的关系，知识点掌握得牢固会慢慢形成知识体系，知识体系也会帮助你更快地吸收和掌握新的知识点。

总结一下，对于单个的知识点，**要先认识、再理解、后融入潜意识**，才更容易与你脑海中的其他知识点相结合，形成体系。而对于知识体系，其实是将知识点熟练掌握后的关联性反应，即你的**本能认识反馈**。知识点和知识体系可以相互强化和促进。

如果你现在还处于知识点的初级了解阶段，就要想办法多实践和熟练掌握这些知识点，只有这样才能更好地连点成线、连线成面。

相信你的知识体系，也早已在你的脑海中生根发芽，并正在你每日学习和实践中获得的养料里悄悄成长。**你不需要去担忧它的成长速度，只需要不停地思考、实践和总结**。

总有一天，当你解开某一个问题的答案，或是看到某一个情景时，你会豁然开朗："原来我曾经这样认识过它！"

069 我应不应该更换工作进入"热门赛道"?

"热门赛道"常变常新,我们无法准确预测和判断"热门赛道"的到来,但却可以用硬实力将自己塑造成一种"可插拔"的人才,以不变应万变,把"投机行业"变成"投资自己"。

L同学有一次和我聊天时说到了她关于行业"赛道"的疑惑:

"我之前是学室内设计专业的,一年前转岗做了交互设计。我在对行业的选择还是比较迷茫的,我应该去与建筑行业相关的智慧园区类的'垂直赛道',还是去智慧医疗或者跨境电商这种'热门赛道'呢?从我的经验和背景来看智慧园区会更适合我一些,但是我感觉建筑行业并不是个朝阳行业,不知道后续还能发展到什么程度,担心路越走越窄。我觉得智慧医疗这些新兴行业都是比较强劲的,但是与我的从业经验又不相关。我应不应该更换工作行业进入'热门赛道'呢?"

关于"热门赛道"这个话题,每个人的看法不一。我个人有以下几个观点:

1. "热门赛道"和趋势是不断变化的,我们很难去预测

"热门赛道"是由包括经济发展、社会建设、技术变革、人类需求变更等一系列因素影响而形成的,这两年的智慧医疗、数字货币、智能汽车、元宇宙等话题大热,也催生出了一批新的"热门赛道"。但随着时代和技术的发展变化,未来的智慧建筑、智能社区会作为热门行业也并不是完全没有可能的事情。

没有一个行业会长时间的经久不衰,永远处于领先地位。十年前科技大佬们热衷于探讨智能家居和物联网;五年以前是VR(Virtual Reality,虚拟现实);近年来元宇宙概念席卷全球;现在智能汽车HMI(Human Machine Interface,人机接口)又成为设计师们的"心头好"。

如果你能进入一个好的赛道,或者你所在的赛道正在作为新的热门而备受关注,你的职业发展和收入增长有可能会更加顺利一些。但是这很大程度上要依赖于你的运气和兴趣。因为作为普通人,**我们无法准确预测和判断"热门赛道"的到来,就像无法预料到未来科技将会带给人类怎样的惊喜或忧虑。**即使你做出了正确的预测,选对了"热门赛道",也不能保证自己始终就站在时代发展的前沿。

所以当你选择转换赛道,不应仅是因为它"热门",而是你发现你可以在这个领域找到你努力的目标和方向,提升你需要的技术和能力,更好地实现自我价值。这样你才可能走得更远,把"投机行业"变成"投资自己"。

2.经验是加分项，个人素质和能力才是核心竞争力

在一个领域内深耕并有着深厚的经验积累，在面试相关行业的职位时当然是加分项。不过大多数互联网行业的人才都不会有这样的机会，不一定能够在某个行业的垂直领域内长期深耕。

行业经验是可以积累的，技能是可以短时间内提升的，但个人的综合素质和潜力是很难有大变化的。因此经验更像是一种"外挂"，而你在前期工作中养成的工作习惯、专业能力、判断能力、总结能力、沟通能力等一系列的职场素养，才是你更加硬核的内在实力。

这些硬实力会将你塑造成一种"可插拔"的U盘式人才，能够在各个行业、各项工作中被复用，以保证你不会被变化的时代所抛弃。因此除了积累行业经验，更重要的是训练好自己的综合素质和专业能力。这样你才能够在机遇到来的时候厚积薄发，敢于迎接新的挑战与变化。

3.遵从本心，拥抱变化

行业的选择也要看你的兴趣和喜好。兴趣是最好的老师，快乐健康的身心是最大的财富。在遵从本心的同时，你也要时常审视自己所处的行业发展情况。这样做一是有助于你更好地了解和认识行业，二是有助于你适时地调整目标和方向。你可以：

1）从旁观者视角，看社会形势和政策

时势造英雄，任何产品或产业如果有悖于国家和社会发展的大趋势，就不会有太长久的发展空间。了解国家乃至世界的政策、法规、社会、经济、文化发展趋势是你客观地审视行业发展的有效方法。

2）从当局者视角，看竞品发展趋势

要对所处的行业有更深入的了解，除了关注自己的业务与产品，也要关注竞品的思路和解法。趋势并非特定规律，大多数产品都这样做了，就形成了趋势。要敏锐地觉察到趋势，也要敢于挑战趋势。

3）从主人翁视角，看自身发展规划

不断地在工作中积累经验，你的经验越丰富，对于行业未来的预测和判断就会越准确。你也可以尝试从自身需求和长板的角度，探索行业发展的新方向和新空间。

我之前的一位领导曾经提到过如下公式：

$$一个人的成功 = 个人能力 \times 决策能力 \times 运气 \times 大势$$

个人能力：靠勤学苦练。

决策能力：靠研究博弈。

运气：来源于行善感恩。

大势：要了解政治经济。

这个公式里还有两个很有趣的关键点：一是为什么公式中间是乘号而不是加号呢？因为任何一个因素的放大或缩小，都会对结果产生指数级的影响。二是当你在职场上做得越久就越会发现：前两项能力会帮助你应对后面两者带来的不确定性与变化。

唯一不变的是变化。学会以不变应万变，才会更加从容不迫。

070 想成为高级别的体验设计师，应该具备哪些能力？

分享给你合格的高级体验设计师应该具备的"专业技能能力"和"综合通用能力"。每个人的背景、能力、机遇、环境都是不一样的。你可以按照自己的节奏来，根据这些能力要求设定目标和职业规划。

我接触过很多发自内心热爱体验设计的同学，每个人都希望能够在体验设计这条路上越走越长远，越学越深厚。W同学也是其中一位，她的问题也很具有代表性：

"我是一名工作了几年的体验设计师，对于自己未来3～5年的职业规划是：成为高级体验设计师，但我不是很想做偏管理的岗位。我想知道高级别的体验设计师需要具备哪些能力？我目前可以从哪些方面努力呢？"

我把一名合格的高级体验设计师应该具备的专业技能和综合通用能力分享给你，你可以参考和评估自己的能力。

一、专业技能能力

1.设计机会的洞察与发现能力
- 能够对用户和业务做深入分析，了解其当下真实的核心诉求；
- 综合汇总信息，能够分清主次并有效过滤信息，寻找机会点制定设计目标和策略；
- 不局限于设计视角，能够从不同的维度思考和拓展原有的设计空间和价值边界。

2.设计手段的灵活应用能力
- 熟知设计理论，并能够灵活指导设计实践，根据目标和策略选择和制定恰当的设计方法；
- 精通核心的设计手段，熟练掌握多项设计技能和工具，拓展产品设计和用户体验的深度和广度；

- 在设计过程中考虑各种影响因素，在有限的条件下灵活运用各种设计工具和手法，尝试找到最优解。

3.设计成果的落地和沉淀能力

- 预先考虑和规避项目中可能存在的技术问题，能够独立完成全链路设计优化或从0到1产品的设计搭建；
- 能够主动跟进产品的发展情况，验证设计方案的有效性，对设计方案不断探索和持续优化；
- 对过程进行总结提炼，形成可复用和可持续的经验和模式，为后续的业务赋能，为设计过程降本提效。

二、综合通用能力

1.价值思维与影响力
- 形成业务和用户价值导向的思维方式；
- 熟知设计链路各个环节的目标和原理，不夸大设计的能力，也不做过分的妥协；
- 总结和沉淀出的通用性的设计思路和解决方案能被复用，影响和启发他人。

2.思辨及创新能力
- 主动学习相关的跨领域内容，积极接受新的事物和信息，并加以判断和思辨；
- 深入理解商业模式和业务发展，并能够提出创造性的解决方法；
- 反思与优化现有体系，不受既有条件和成果的约束。

3.计划与实践能力
- 明确项目优先级，预估潜在风险，保质保量完成设计需求；
- 突破职责边界，发挥设计的驱动力，在不打断产品正常进度的前提下，从设计侧设定产品优化目标，有序推动结果落地；
- 进行设计效果跟踪，形成设计流程"目标、策略、方案、检测"的可持续性发展。

4.协作与管理能力
- 积极主动地进行有效沟通，传递设计策略和思考方式；
- 能够协同各个相关方彼此商议，得到最优解决方案；
- 对设计流程有规划，能够制订出有效、合理的项目流程计划。

以上几点都是高级体验设计师应该具备的基础核心能力。每个人的背景、能力、机遇、环境都是不一样的。你可以按照自己的节奏来，根据上面的能力要求设定目标和职业规划。

为了方便大家可以更好地评估自己的设计能力水平，我将高级体验设计师应该具备的核心能力整理成一张表单，也给不同能力按照难易程度设置了分数的权重：

- 1颗星代表1分；
- 不同能力对应不同星数量，即不同分数；
- 单项能力对应的星数越多，分数越高，代表着该能力越应该被掌握；
- 如认为单项能力不满足全部星数，可以酌情给自己打 1～2 星。

下图的表单是我参考大厂高级体验设计师的职能模型后整理出的核心能力水准，非业内行规。表单的目的也不是让你变得自信或不自信，而是帮助你理性地进行自我能力的评估，更加明确未来的学习和进步方向。你也可以扫描封底二维码下载PDF版本。

高级体验设计师能力自测表

专业技能能力		
能力统称	具体内容	分值
设计机会的洞察与发现能力	能够对用户和业务做深入分析，了解其当下真实的核心诉求	★★★
	能够综合汇总信息，分清主次并有效过滤信息，寻找机会点制定设计目标和策略	★★
	不局限于设计视角，能够从不同的维度思考和拓展原有的设计空间和价值边界	★
设计手段的灵活应用能力	熟知设计理论，并能够灵活指导设计实践，根据目标和策略选择和制定设计方法	★★★
	精通核心的设计手段，熟练掌握多项设计技能和工具，拓展产品设计和用户体验的深度和广度	★★
	在设计过程中考虑各种影响因素，在有限的条件下灵活运用各种设计工具和手法，尝试找到最优解	★★
设计成果的落地和沉淀能力	预先考虑和规避项目中可能存在的技术问题，能够独立完成全链路设计优化或从 0 到 1 产品的设计搭建	★★★
	够主动跟进产品的发展情况，验证设计方案的有效性，对设计方案不断探索和优化	★★
	对过程进行总结提炼，形成可复用和可持续的经验和模式，为后续的业务赋能，为设计过程降本提效	★★
核心通用能力		
能力统称	具体内容	分值
价值思维与影响力	形成业务和用户价值导向的思维方式	★★★
	熟知设计链路的各个环节的目标和原理，不夸大设计的能力，也不做过分的妥协	★★
	总结和沉淀出的通用性的设计思路和解决方案能被复用，帮助他人	★★
思辨及创新能力	主动学习相关的跨领域内容，积极接受新的事物和信息，并加以判断和思辨	★★★
	深入理解商业模式和业务发展，并能够提出创造性的解决方法	★★
	反思与优化现有体系，不受既有条件和成果的约束	★
计划与实践能力	能够管理好项目优先级，预估潜在风险，保质保量完成设计需求	★★★
	突破职责边界，发挥设计的驱动力，在不打断产品正常进度的前提下，从设计侧设定产品优化目标	★★
	合理协调资源，有序推动结果落地并进行效果跟踪	★

协作与管理能力	能够协同各个相关方彼此商议，得到最优解决方案	★★★
	积极主动地进行有效沟通，传递设计策略和思考方式	★★
	对设计流程有规划，能够制订出有效、合理的项目流程计划	★

分值计算与评估（总分：45分［45★，1★等于1分］）

得分	评价
<30分	继续努力，勤思考，多提问
30~40分	稳步前行，厚积薄发
40~45分	超越自我，学无止境

注：本表格非业内行规，属参考大厂职能模型后的个人总结。严谨商用，侵权必究。版权归属：元尧。

高级体验设计师应该具备的核心能力自测表

如果你要成为一个更加优秀的、又不想做管理层的"技术实践派"设计师，我也建议你找到一个自己的专长，然后深耕。不论你从事哪一行业的设计工作，你都可以从中找到一个自己擅长或感兴趣的方向进行深入钻研，培养出自己的专长能力，让你的专业技能更有深度，也让你具备更强的不可替代性。你也可以看看我在"092长板和短板，更应该精进哪一个？"中的内容。

目标都不是一成不变的，很多事情不是看你"想不想要"，而是你"需不需要"。你今天虽觉得不想做管理，但很有可能未来你想继续从事的工作就要求你必须具备管理能力。因此我还有以下两条小建议：

1.先从管理自己开始

连自己都管理不好的人，就更不要提管理他人了。一个好的管理者一定能够管理好自己的工作和安排，你可以先从管理自己开始，提升对于个人项目的"计划与实践能力"和"协作与管理能力"。

2.时刻跟随环境调整自己的目标

我们所处的环境是多元的，目标也是动态多变的。要学会跟着环境不停地调整目标，修正自己的努力方向和方法。你可以看看"091进步到底指的是什么？"中的内容。

每个人的职业路线都不可复制。职业规划因人而异，没有绝对的评价标准，所以你也大可不必去在意别人对你职业道路的评价，也没有人能够替你做规划。

一切都取决于你自己，大胆地向前闯吧！

第 3 章

应聘建议｜不忘初心，方得始终

　　本章内容将为你解答与设计师应聘相关的 20 个问题，对于设计师来说，建立正确的应聘认知比按照模板准备作品集更有效。

　　本章会对一些常见的面试问题进行解答，每一个回答都不是单纯的参考答案，而是一种解题思路的呈现，会授你以"渔"，帮你建立一名优秀设计岗位候选人应该具备的认知和职业素养。

071 设计师在做作品集前应该先建立哪些认知？

接下来的20个问答中，你会看到一些同学与作品集和面试相关的问题和我的回答。如果你也要面临求职应聘，在看这些问题之前可以先阅读本篇内容。

做每一件事情之前都要先对这件事建立基本认知，来帮助你更好地确定目标和方法，做作品集也不例外。以下这些认知和建议，你可以在做作品集之前先阅读，会为你提供更多思路。

认知一：你的作品集也是你交给面试官的一份"产品"

作品集本身就是你的一个"产品"，你就是这个产品的产品经理、交互设计兼UI设计师。每一个项目的安排、每一张页面的排版和每一组信息的布局，都是对你交互思维和视觉能力的展现。

你要把作品集中的项目顺序当作整个产品的"功能布局"，把每张页面当作"产品界面"，即项目有区分，内容有逻辑，信息有层次。

1.项目有区分

"产品"的每个功能都是不同的，这意味着作品集的每个项目的侧重点要做区分，能够体现出你的不同的经验和能力。比如你可以通过项目A来展现你洞察业务和分析问题的能力；通过项目B来强调你对于交互细节的创新和优化能力；项目A可能是从0到1的产品构建；项目B可能就是从1到2的功能优化。

2.内容有逻辑

好的"产品"就像是一场好的电影，剧情能够环环相扣；或是一曲好的音乐，旋律能够一气呵成。这意味着作品集的每个项目都要逻辑严谨，页面与页面之间、步骤与步骤之间有关联。每一个页面都不是独立存在的，都是可以承上启下的，都是不能被删减、换位或添加的。

3.信息有层次

作品集就是你的"产品"，面试官就是你的"用户"，因此"产品"的可读性和易读性很重要。你需要引导"用户"的视线和思维，让他能够看得到、看得清、看得懂。

认知二：作品集是用来证明你的能力的，不是用来介绍项目的

作品集的重点不是介绍项目，而是介绍你自己和你的能力。以这个点为出发点，你的作品集更应该突出你的专长和职位所需要的能力。

换句话说，作品集的主角是你，而不是项目。例如重点在于使用了哪些设计工具和方法、发现和解决了哪些问题、完成了什么样的设计成果等，主语是"我"，而不是描述这个项目是什么、主要问题是什么，主语不应该是"项目"。

因此不要将项目背景和事实介绍得太详细，也不要仅是单纯地叙述项目问题和成果。要详细描述你在项目中承担了哪些工作，发现了哪些问题，使用了哪些方法，完成了哪些产出。这些内容和描述会直接展示出你的专业素养和工作能力。

认知三：你要表现的是面试官想要的，而不是你自己想要彰显的

在整理作品集之前，可以多读读自己想要面试岗位的职位描述。看看这些岗位需要你具备哪些能力，将其作为作品集重点突出和呈现的内容。不要只埋头展示自己认为有用的内容。不然你的作品集很可能就是一场"自嗨"，你有计划，而面试官另有打算。

认知四：在作品集的视觉表现上，遵循"形式追随功能"

你的页面视觉呈现并不是越丰富越好。新颖的、流行的视觉表现技法一定程度上是会让你的作品集视觉效果更加亮眼，但是如果多余的装饰效果与你想要呈现的信息顺序相违背，或者与你要呈现的内容不相干，反而会适得其反。

这也是为什么我不推荐你使用市面上的作品集模板或者样机效果。因为共性的内容不可能满足个性化的需求，不可能完全贴合你想要表达的内容和信息。

你当然可以学习一些优秀的表现手法，但无论如何，**形式都要追随功能，视觉表现都要服务于信息呈现**。

在接下来的19个问题中，你会看到很多同学关于作品集的提问和我的解答，这些回答中也会对这些认知做进一步的强调。希望你可以举一反三，更快进步。

072 工作中的项目体现不出设计价值，该怎么做作品集？

把实际项目作为 1.0 版本，把你作品集中的项目作为升级优化后的2.0版本，自己给自己提出一个产品优化需求，为自己创造一个展示自我的机会。

我曾经收到过很多同学提问类似的问题：

- 工作中的项目在做作品集的时候发现很难体现出设计价值，或者产品的最终产出不能令自己满意，该怎么办？
- 这种项目要不要放到作品集中？如果自己经历的项目较少，又不得不放到作品集，应该怎么放呢？
- 自己在项目中增加了一些内容和功能来体现设计效果，但又觉得不符合产品真实的需求定义，应该怎样把握好这个度呢？

这其实是大家在做作品集时非常普遍和典型的问题。如果你不得不将工作中的不完整、不完善的项目放在作品集里面，我的建议是：

把实际项目作为 1.0 版本，把你作品集中的项目作为升级优化后的2.0版本，这就相当于自己给自己提出一个"产品优化需求"，为自己创造一个展示机会。

具体应该怎样做？你可以注意以下几个环节。

1.定义设计目标

你需要先给自己规划本次设计需求的目标。

你可以总结出 1~2 个核心问题，作为此次设计优化要完成的任务。设计任务不是凭空想象的，而是你通过分析现有产品情况、用户的痛点和期待总结出来的，是与你当前的产品有着强关联性的。你可以只优化一个功能点，也可以做产品整体的设计改造。给你的设计任务匹配一个想要达到的目标，可以为你接下来的设计工作过程做方向指导。

2.体现设计思维

接下来根据以上设计问题和目标，制定关于项目的优化思路，并应用相关的设计方法和工具来解决问题。具体的过程可以看看"001 设计目标、设计原则、设计指标、设计策略之间的关系和区别是什么？"中的回答。

3.产出设计成果

呈现你所做的新版设计内容，你可以使用与旧版方案做对比的排版方式，更好地凸显你的设计优点。不过新方案也不要过于脱离实际，还是要以解决实际问题，实现你最初制定的设计目标为主。

4. 分析未实现原因

既然你的设计稿已经做出来了，你就需要给面试官一个合理的解释，为什么现在的产品不支持你做设计上的优化？为什么1.0版本不做成2.0版本的效果？这个时候不要刻意地"抹黑"你的老雇主，表达要有一些技巧：

（1）先介绍下你们部门的工作方法。

你可以这样说："我们公司使用的是小步迭代的工作方法。对于前期很紧急的产品需求，人员、资金和时间都有限，这时设计师面对产品需求就会选择设计从简，以业务的时间规划为主。因此就先根据设计经验保证产品的'可用性'，暂时忽略'易用性'"。

（2）陈述每一个版本的重要性。

你可以这样说："2.0版本是基于1.0版本的用户数据和反馈分析而来的，1.0版本虽然不完善，但也能快速地暴露出一些问题。没有第一步的试探和铺垫，就不会有第二步明确的设计优化目标。而2.0版本也并不是一个完美的形态，随着产品不断成熟，我们对'易用性'的要求也会越来越高，未来也会做更进一步的优化。"

你看，如果以这个思路来做作品集，现有产品的问题并不会成为你的障碍，而会变成体现你设计能力和价值的抓手。而你最后对于面试官的解释，也可以展现出你在日常工作中的合作态度和经验，可以说是一举两得。

073 项目背景应该怎样在作品集中呈现呢？

项目背景远不如项目所呈现出的待解决问题更重要。你真正需要详细描述的是项目问题的发现过程以及分析问题的过程。

W同学的问题也是我们大家在排作品集时经常会遇到的：

"我在作品集里介绍一个项目时，摆出了5个最终的设计成果，以及我达到这5个设计成果的对应方法。我现在的问题是，项目背景在一开始抛出项目问题的时候，是否也需要对应给出？因为我感觉不好好讲明白背景，非行业内的面试官可能不知道我在说什么。但是这些背景描述的内容，我都打算放在项目的首页展示，另外还有项目时间、职责等等一系列的信息都在一页，会不会又让信息太过冗杂？"

我很感谢W同学的这个问题，因为他道出了作品集中项目背景的两个常见"误区"。

误区一：面试官会很关注作品集中的项目背景

其实如果不是同一个业务领域，面试官在看作品集的时候，并不太会去关注这个项目的背景。通常情况下，他们只需要简单了解下这个产品有什么主要功能、针对的人群有哪些就足够了。面试官更在意的是你在整个设计过程中表现出的认知和行为，主要包括：

- 你在项目中担当什么角色，起到了什么作用？
- 你用了哪些设计思维和方法来发现和解决产品的问题？
- 你的设计成果对业务产生了哪些影响？等等。

因为这些内容会体现你的设计和工作能力，而项目背景通常只是最基本的事实陈述，更多是起到烘托和补充项目工作氛围的作用。

另外，排版作品集时，你可以使用W同学在问题中提到的方法：用项目的设计成果来反推项目问题。不过在反推中，项目背景远不如项目所呈现出的待解决问题更重要。你真正需要详细描述的是**项目问题的发现过程以及分析问题的过程**。

通常我们是按照"发现问题、分析问题、制定目标、使用方法、产出方案、验证成果"这个顺序来做项目的，反推就是将这个过程倒过来推导，因为很多时间比较久远的项目，你可能只保留了设计成果，没有对项目前期的分析做存档。反推可以避免你在一开始提出的产品问题和目标与最后的设计成果不一致或没有关联。

所以，**设计成果的反推要反推到具体的项目问题**。可以是一个或多个成果对应一个具体的问题。因为**只有解决了问题的设计，才算得上是有"成果"的设计**。

因此，项目的背景是要有的，但是有几条建议你可以尝试应用：

（1）项目的背景可以放在每一个项目开始的封面中，没有必要写得过于详细，等到面试的时候，再和面试官面谈即可。

（2）如果遇到一些特殊项目，你觉得背景很重要，一定要写清楚，可以放在项目开始的第一页。建议最好不要超过一页的篇幅，可以和其他内容，比如业务特征、目标和需求等内容放在一起，凑一个整页。

（3）避免只是单纯地"摆事实，不讲道理"，即只有客观描述，没有主观分析。至少要让面试官看明白你用项目背景想要交代出什么关键信息，对下面的设计工作有什么影响。**你在作品集里的任何内容，都是为你的设计方案做铺垫**。所以对背景做分析，帮你挖掘潜在需求，甚至能够引导你发现产品问题，这才不辜负你用大段的文字对背景做描述。

误区二：项目封面的内容信息越多越好

其实你罗列了多少信息不重要，重要的是面试官能在几秒钟的视线停留中捕捉到哪些关键信息。

如果你将项目背景、项目完成时间、工作职责、设计成果等内容都放在首页，一定会是一段很冗长的文字。我推荐使用"打标签"或者"关键词"的形式来处理。

举个例子，如果你对自己在项目中的工作任务描述为："担任项目的主设计师，制定项目设计目标，探索设计方案的可行性，找到设计最优解，沉淀设计组件、规范和经验，并完成设计汇报。"

那你可以用几个关键词来替代："主设计师、目标制定、可行性验证、设计组件及规范"。这样就一目了然。

你也可以注意区分封面文字的字体样式，在字号、字重上做出区别来凸显关键信息。我们之前在"017 什么是页面框架层级？该怎么使用？"中所说的页面信息层级的设计思路，不仅适用于做项目设计，同样适用于排版作品集。毕竟作品集本身就是你的产品。

但你也不要将项目背景、工作职责和设计成果全都用关键词来呈现。密密麻麻全是关键词，就等于没有关键词。物极必反，要有节制、有节奏地运用这些小技巧。

074 需不需要把作品集分成"投递用的"和"面试用的"，各做一份呢？

不推荐这样做，可以使用其他的方法作为作品的详细呈现方式。

很多同学在做作品集时都会有一个困扰：总感觉每个项目能写、能放的东西有很多，作品集动辄七八十页，再加上高清大图加持，一份电子版作品集就算没有100MB也有几十MB（计算机中的一种储存单位，通常情况下一份电子版作品集最好能够压缩到10MB左右，便于面试官接收和浏览）。

还有的同学干脆问我："是不是可以把作品集分成'投递时用的作品集'和'面试讲述时用的作品集'，一式两份呢？因为我感觉投递时的一个项目也就十几页，涵盖不了项目的众多细节，这样导致在面试时也就只能说个大概。但是通常在面试时又会被问得很具体，都不知道该怎么跟面试官描述项目了。"

其实我个人是不建议这样做的。原因如下：

（1）作品集不仅仅是你的设计专业能力和工作能力的展示，**做作品集的过程本身也是对你的"总结能力"的考察**。能将内容丰富的项目浓缩在短短十页之中，就是一种能抓住主要矛盾、分清主次的总结能力的体现。

（2）面试不仅仅是你们双方互相增进了解的过程，也是**对你的"沟通能力"和"表达能力"的考察**。不光是作品集里有的内容会被问到，没有的内容也有可能会被问到。如果你只能对着看到的内容"照本宣科"，还是很需要提升你的表达能力的。

说回到作品集的排版，如果真的觉得页面数量有限，有两个更讨巧的方法推荐你尝试。

一、增加的详细内容，可以另外做成其他形式

你可以把作品集中你认为最重要的一个项目，整理成一个单独的项目集，用20～30页完整呈现这个项目的工作过程和成果。在面试时，如果你发现面试官对你作品集中的这个项目感兴趣，或者是面试官问到了一些细节问题刚好在这本项目集中有答案，你就可以请他看看项目集，细细道来。

如果你的项目能够公开，你也可以在其他的设计学习平台上注册账号，上传自己的项目过程细节；如果你的项目是已经上线的产品，那还可以将产品页面打开，给面试官进行实操演示。

总之，呈现项目细节的方式多种多样，效果都比用两份作品集要自然一些。

二、每个项目有不同的侧重点，体现不同的能力

在一份作品集里，同样类型的内容不要重复出现。我见过一些同学的作品集，每一个项目的成果中都会有2～3页的设计系统或组件库的设计介绍，内容也是标配的"三件套"：字体、色板、原子组件的罗列，以显示这个项目完成得有多完整、多全面。但事实上这样做是完全没有必要的，原因如下：

（1）做组件库不是你的设计目标，只是一种能够赋能业务的工作方法，因此更多是体现你的设计协调能力，而不是项目的完整性。这种设计能力只需要在作品集中出现一次，面试官就会有感知。

（2）如果你想更好地呈现设计系统的建设能力，就在一个项目中用4～5页的篇幅，把你做组件设计的经验讲透彻、讲深入。这样会比"反复出现但都只是点到为止"更能体现出你的技术水平。

（3）在页数有限的作品集中，相似内容的页面很容易就会被暴露出来。面试官的第一感

觉可能不是"这个项目内容全面"，而是会觉得你没有其他能力可以展现，在"滥竽充数"。

所以**在不同的项目中呈现出不同的能力侧重点很重要，也很明智。**

如果你在A项目中的能力侧重点是"对设计问题的洞察和解决问题的方法"，你就可以将"发现问题、定义目标、制定策略、寻找解法"这一过程做详细呈现，其他环节可以稍微弱化；如果在B项目中的能力侧重点是"方案细节优化的创新能力"，你就可以将问题的推导过程稍微弱化，将方案在改进后的细节尽可能地突出展示。

这样，面试官能够看到不同的项目有各自的侧重点，整个作品集会显得更为丰富，不冗杂、不单一。这种项目编排的方式也会反映出你能够区分主次、善于总结的能力。

没有项目是完美的，每一个项目都有提升和改进的空间。在面试的过程中，这种编排方式也可以帮助你避重就轻。不论面试官问哪种类型的问题，你都可以用另一个项目做补充和辅助回答。比如你和面试官一直在聊A项目，但聊到产出的方案细节时，A项目本身做得不充足，如果实在讲不出内容，你也不需要强行做补充，而是可以引导面试官看看B项目中对细节的处理，自然地将话题转移到下一个项目，聊的方式也会更多元。

这两个方法推荐给你，相信可以让你的作品集质量更上一层楼。

075 设计研究类课题，能不能作为单独的项目放在作品集里呢？

设计专业研究课题最好和业务成果紧密相连。次要项目以专业课题开头，作为设计侧发起的产品优化需求；主要项目以专业课题结尾，作为项目的设计经验复盘和沉淀。

F同学最近在准备自己的作品集，他问了我一个问题：

"在日常工作中做的设计研究课题，能不能放在作品集里面作为主要项目呢？ 因为我感觉这些专业性的研究比工作项目更能体现我的设计思维。不过这些内容大多是老板给我们布置的一些专业探索课题，不是工作项目上的设计需求，不知道能不能体现设计价值？"

我觉得这是一个很好的问题。它反映出大部分同学都不常思考的两件事：

- 什么样的内容应该放到作品集中；
- 什么样的内容能够体现设计价值。

首先，能够放到作品集中的最好是**已经实践和落地的工作项目**，而且具备以下两个特点：

- **能体现你的专长，也就是你的核心竞争力；**

- 能满足你面试职位所需要的能力要求。

你可能会想：那我做的设计研究类课题也能体现我的专长能力呀，我可以把这种设计研究也放到作品集里！别急，设计研究课题与工作项目不同，还要再具备以下两个特点才行：

- 专业课题的研究成果和经验有没有反哺和赋能到你之前做的业务；
- 这类研究成果和经验是否对你面试的业务有帮助，能用得上。

总之，核心关键词是：赋能业务。

因为公司不是研究院，设计又是极其重视实践的学科，大多数情况下，**能为业务赋能的设计行为才能体现设计价值**。很多公司都不会想在社招时招只会做研究的设计师，除非你面试的岗位就是研究类设计，不然不如省下社招的成本去换校招，产出的设计研究质量可能还会更高。

再给你举个例子，这是一位同学的亲身经历：这位同学在某大厂做了大半年的设计系统相关的工作，积累了一些见解和经验，并引以为豪地将作品集中的第2、第3、第4个项目都改成了对于设计系统的专业研究。当他去面试一些中小厂时，面试官看了他第一个业务项目，表示"很感兴趣"，但当看到其他的关于设计系统的研究内容时，脸色"越来越难看"，最后面试草草收场。

所以当你想要把设计专业课题放到作品集里，我的建议是尽量不要将设计研究专业课题作为单独的项目，尤其是主项目安排在作品集里。你可以这样做：

（1）**次要项目以设计专业课题开头**：如果是对你的业务有直接影响且产生了实际业务价值的设计研究，你可以作为次要项目进行呈现。不过需要把对于业务的实际影响和实践过程详细介绍出来，相当于把它当成是从设计侧发起的产品或项目优化需求来进行呈现。

（2）**主要项目以设计专业课题结尾**：你可以把这些设计研究作为业务项目的经验沉淀，用2~3页的篇幅放在相关性最强的业务项目的最后，作为项目结尾的设计经验复盘和总结，以此让项目更加丰富和多维。

（3）**在平时的工作中就要注意**：将设计专业研究课题和业务目标紧密相连。专业课题的选择来源于业务目标。你可以看看"043 大厂的设计师如何做专业研究和设计自驱呢？"中的回答。

所以设计研究课题可以放在作品集中，但一定要放得有技巧。

076 作品集中的项目成果是不是一定要有数据佐证？

数据只是佐证我们设计成果的依据之一，并不是面试官判断设计成果好坏的唯一标准，你还可以使用其他方式来证明你的设计成果和设计价值。

很多同学在排作品集时都会遇到一个看起来很头疼的问题：没有足够的数据做设计流程的支撑和设计成果的证明。我整理了三位同学提出的与数据相关的比较有代表性的问题和误区，你可以看看是否也有同感，以及在之后的面试中该如何应对。

误区一：面试官仅会通过数据指标来判定设计成果是否有价值

D同学问："请问产品改版的项目成果，除了体现在数据方面还有什么方面可体现？在面试时，总会被面试官问到'你这个项目最终的设计成果是什么？有什么价值？'但我做的只是一个模块功能和页面操作流程上的优化，在上线之后没有去做数据的收集，那这种问题该怎么回答呢？"

其实数据的展示只是从一个侧面反映你设计成果的价值，并不是面试官判断设计成果好坏的唯一标准。一个项目可以通过最终呈现出的直观视觉效果和细节处理等方面帮助面试官建立第一印象。而当细看项目时，还有一些方式可以体现设计成果和价值。

1.用成果和目标做对比

设计是与业务紧密结合的，能为业务赋能的设计行为就是有价值的。如果你的最终成果能够达到项目初期的业务需求和所制定的设计目标，那就说明你很好地完成了设计工作，同样是一种优质成果的体现。

即使你通过数据来展示设计成果，这些数据也应该是和当初的业务需求与设计目标相吻合。所以当你和面试官讨论到设计成果这个话题时，给他看看项目目标，用成果和目标做对比，也可以证明你的设计价值。

另外，虽然你可能在某个项目中的工作量不多，但只要是优化，就会有优化目标，优化前和优化后就会产生区别。这种区别不一定通过数据体现，将改版前后的页面或流程的内容进行对比，能够看到明显的差别，也是不错的展现形式。

2.通过收集相关方的反馈

- 用户的反馈：你可以询问业务和运营，看看是否能够拿到用户对于产品的评价，以此估算产品改版后的用户好评率。
- 上下游合作方的反馈：包括开发和产品的反馈，询问他们对于设计工作的评价和建议，看看设计是否也对合作方产生了正向的影响。

3.通过项目做设计沉淀

你对于这个项目所做的复盘，包括设计专业和工作经验的沉淀，如果可以影响到以后类似的项目，为它们提供借鉴和参考，也是一种设计价值的体现。

误区二：用运营数据展示设计成果会更好

S同学问："我感觉作品集中对设计成果有一些量化的展示会比较好，比如一些运营数据。但是现在运营说没有收集这些数据，该怎么办呢？"

其实运营数据并不是设计成果的有力佐证。**比运营数据更有参考意义的是用户行为数据**。

没有运营数据做指标，并不代表你做出的设计就不是好设计；而就算你拿出完美的运营数据，你的设计成果质量不高，数据是靠运营和商业模式"跑"出来的，也一样不能证明你的设计能力。

产品上线后有用户，就一定会产生用户行为数据，只是你可能没有渠道或者方法获得这些数据。你可以去跟你的产品和前端开发同学聊聊，看看有没有可能通过用户测试、用户访谈、埋点数据收集等方式对用户行为数据进行抓取。

我们也在"012 **获取用户数据，有哪些低成本的方法？**"中为大家介绍过几种简单高效收集数据的方法，你可以参考。

误区三：没有数据相关的经验，就是严重的短板

Y同学问："要面试的公司在职位描述里说'需要通过设计驱动带来数据增长'，但是我的作品集里没有收集或研究过数据相关的项目，这方面的经验也有欠缺，是不是就没有机会了？该如何规避这个问题呢？"

首先，你可能对数据的概念过于敏感了。"需要通过设计驱动带来数据增长"的核心是希望你具备设计驱动和创新能力，数据增长只是设计驱动带来的一种表现，并不是能力要求。

其次，即使没有数据相关的工作经验也并不是很致命的问题。如果你没有机会尝试相关的工作内容，面试官问起来，就实事求是地回答。不过正所谓"没吃过猪肉，也见过猪跑"，在日常的积累和学习中，对于数据相关的概念和设计方法，作为设计师是有必要去了解的。

所以你可以和面试官谈谈你对数据作用和工作方式的认知和理解，再表现出你对于将理论付之于实践的期待和决心，相信面试官也不会太为难你。

在作品集中，数据不是验证设计成果的必备项，只是加分项。有准确的、有效的数据会让你的设计成果更有说服力，但项目整理的流程通顺、逻辑严密、思路清晰，更为重要。

希望你可以通过这几个问题，对数据这件事有新的认知。

077 求职时遇到设计笔试题，有哪些解题思路和方法？

你可以把笔试题当成你的一次业务设计需求，按照平日里做需求的方式，分析业务目标，得出设计目标，推导出设计策略，找到相应的设计方法，完成详细的设计产出。

设计师在面试的过程中也偶尔会遇到笔试题，那在回答笔试题时有哪些解题思路和注意事项呢？来看看M同学的问题：

"我是一名工作了一年的视觉设计师，最近在面试一家电商平台公司的UI设计岗位。对方要求我先做笔试题，做几个重点页面的UI设计。

我自己做了一些桌面研究，选了个传统品牌，按照UI设计的基本流程做了竞品分析、用户调研和流程图等，但感觉准备得还是不太充分。请问我该怎样才能做好笔试题呢？笔试题的解题思路是怎样的呀？有什么要注意的地方吗？"

我们就从通用的"解题思路"和"注意事项"两个方面来看看笔试题应该怎么回答。

一、解题思路

1. 先建立项目意识

所谓的"项目意识"是指你不要把它当成一道笔试题来做，而是把面试官当成你上游的产品经理；把笔试题当成你这次业务的设计需求。

那么你的思考注意力就不再是"我该怎么样才能做好这道笔试题"，而是"在平时做业务过程中我需要产品经理给我哪些输入？我应该怎样完成设计才能帮助产品经理达成目标或解决问题"。

这样建立起"项目意识"，你会更加心无旁骛地完成这次"业务需求"。如果试题中有表达得不够清晰或全面之处，你也可以选择在答题之前先向面试官提问题搞清楚相关的内容。

2. 明确目标和侧重点

如果你对这个"业务需求"没有疑问，就代表你能够搞清楚以下问题：

* 这次业务需求的目标是什么？
* 想要解决几个问题？核心问题是什么？
* 这个题目想要考察我的要点是什么？

从第一、第二个问题，你可以分析并判断出你的设计目标和方向；从第三个问题，你可以判断出你的答题重点在哪里。

221

3. 通过设计目标推导出设计策略和方法

我经常强调的一个观点是设计方法由设计目标和设计策略推导而出。诸如用户调研、竞品分析、用户体验地图等等就是一些设计方法和工具，但并不一定是这道题目（或这个业务需求）必须要经历的过程。**你的设计方法和工具都应该服务于你的设计目标，而不是想到哪个工具就用哪个。**

你也可以在"001设计目标、设计原则、设计指标、设计策略之间的关系和区别是什么？"中看到更加详细的设计目标、策略和方法之间的关系。

4. 成果产出要完整并能够实现目标

同你日常的业务需求一样，你的输出成果就很重要。它需要足够细致和清晰，并且能**够实现你的设计目标和"业务目标"，这也是面试官评判你答题质量的重要依据。**

如果你的时间足够，也可以做2~3套设计方案。多套方案可以帮助你将问题思考得更加深入。不过也要注意：

- 1套完整的解决方案胜过2套半成品，**贵在精，不在多。**
- 即使做不出2套完整方案，你也可以在某些**重点的局部**进行多个设计方案的尝试。
- 你自己要做出方案之间的**优劣比较和分析**，有一定的判断标准。

所以如果是我去做笔试题，我会按照以下流程来完成：分析**"业务"目标**、得出**设计目标**、推导出**设计策略**、找到相应的**设计方法**、完成详细的**设计产出**。要知道这条思路也是我们作为设计师在平日里承接业务需求时，需要经历的最基本流程。面试官考察的也正是"当你接到业务需求时会如何思考以及完成"的过程。

二、注意事项

说完了解题思路，我们再来看看有哪些注意事项。

1. 思考和分析的过程要保留记录

你要在答卷中把你的解题过程完整体现，可以尝试使用以下方式：

- 前：把整体的设计思路整理在你的方案之前，在设计方案之前优先阐述你的设计目标和策略。
- 中：把方案中的亮点在设计稿旁边做备注，描述特点和优势所在。
- 后：把你在设计过程中遇到的问题和一些思考，以及更先进但不一定能够实现的创意理念整理出来，作为之后的面试中与面试官进一步交流的谈资。

2. 注意方案的细节逻辑

作为UI设计师，虽然不需要像交互设计师那样完成全面的交互流程思考，但各种交互细节和状态还是要表达得清晰到位，包括空状态、危险状态等等一些边缘化的场景，可以多做考虑。

3. 注重整体试卷的信息传达和布局排版

整体"试卷"（可能是Sketch设计稿，或者是PPT等形式）的排版其实也会反映出个人的基本设计素养和功底，这也是笔试题的一部分，因此也不能过于忽视。"试卷"本身就是一个"产品"或多张"产品页面"。就像你在做真实需求中的产品页面一样，你表达的信息要有主次，要让面试官看得清、看得懂。

这套通用的解题思路，不仅可以用于做笔试题，也是工作中承接业务设计需求时的基础工作过程，希望可以帮助你举一反三。

078 进大厂做设计师需要有高学历吗？

高学历或许能让你更容易进门，但并不能保你终身。你所具备的能力和素质才是你行走于职场的最有效通行证。

有位同学对我说，他只有大专学历，自考了本科，还是非设计专业，但现在有幸拿到了大厂外包的职位。我为他高兴之余也被他问了一个问题："我还有没有可能进入大厂做正式员工？进大厂是不是必须要有高学历？"

其实问这个问题的同学不在少数，他们经常还会有以下疑惑：

- 我本科是不太好的学校，还要不要再读个研究生？
- 国内名校的毕业生或是国外院校的留学生，是不是更容易进大厂？

以我所经历过的大厂工作环境来看，高学历并不是硬性指标。当然这并不是说高学历是没有必要的，高学历的重要性在于：

（1）在就业压力大、候选人过剩时，高学历会让你从众多简历中被第一时间筛选出来，更快速地进入下一筛选环节，不致被埋没。

（2）如果你能够顺利地从国内外名校的设计系毕业，至少可以认为你已经掌握了一定的设计思维和理论方法，这些专业认知在日后的工作中很重要。

（3）如果你不仅是名校毕业，还拿到了不错的成绩和奖章，至少可以认为相比于其他候选人，你可能更聪明、更勤奋或具备其他的优秀品质和技能。

但我们也必须清楚以下这几个不等关系：

（1）"高学历"不等于"综合素质高"。再好的院校里面也有浑水摸鱼毕业了的学生；成绩分数很高的学生也不能保证在其他方面都能够符合社会的要求。

（2）"高学历"不等于"经验深厚"。尤其是对于社招来说，在招聘时更多在意的是你毕业后的工作经历及成长变化。如果毕业五年之后，在面试时你还在靠学历来为你撑腰，并不能证明你有多优秀，相反还可能会证明你工作这几年间的碌碌无为。

（3）"高学历"不等于"高匹配度"。工作中很重要的一点就是你所掌握的技能与你的职位匹配，你的能力能够满足职位所需。而学历和专业不能画等号，也不能保证你与职位可以高度契合。

所以，**高学历或许能送你进门，但并不能保你终身。你所具备的能力和素质才是你行走于职场的最有效通行证。**

学历低这件事情，在短时间之内是不可逆转的。但它并不是硬伤，"低开高走"的人才并不少见。只要你始终保持学习能力，建立良好的设计思维模式和工作习惯，通过时间的积累和经验的沉淀，也一样可以给自己争取和创造一些机会。而且，大厂也并不是优秀设计师的唯一落脚点。

079 我感觉面试时聊得很好，为什么却拿不到Offer呢？

应聘成功需要天时、地利、人和。每一场面试，都值得你真诚对待。

L同学最近向我诉说了他的困惑：

"我之前面试过好几家公司，在面谈之后，接到的回复都是'等通知'。我感觉面谈时我们聊得都还不错，一些专业问题基本上也都能够回答上来。我想既然能够得到面试机会，说明面试官对于我在作品集里体现的设计水平也是认可的吧？但是为什么得到Offer的机会这么少呢？"

对于这种情况，我想说：首先要放平心态，**给你面试机会和给你Offer本来就是两件事情，这两件事情之间也并不能互相佐证。**

面试官给你面试的机会，可能意味着以下任意一点或几点：

- 面试官初步认可你在简历和作品集中体现的能力；
- 你在作品集中体现的某些技术和能力与岗位是相匹配的；
- 你的能力未必与岗位完全匹配，但在其他方面有过人之处；
- 从作品集中看到几位候选人的能力水平相差不大，要通过面试来做判断；

- 现在并不急需用人或者已经没有HC（headcount，招聘指标）了，但要做好人才储备。

而面试官给你Offer，则可能意味着：

- 完全信任你的能力，很期待你来公司共事，是高度的认可；
- 认为你有一些长板可以补齐团队的短板，可以为团队带来贡献；
- 认为你的能力有一定的可塑性，且气质与团队相吻合，可以尝试着给你机会；
- 当下职位空缺严重，急着用人，但人才储备不足，所以能力基本吻合职位需求时就可以录取。

所以应聘其实是一件天时、地利、人和的事情，各种意想不到的因素，包括当下的社会大环境、公司所处的行业近况、临时的业务变更情况、产品的发展前景、团队的整合等等，都可能会影响到最终结果。应聘其实很看"缘分"和"运气"。

基于L同学的这种情况，我有两条建议：

1.保留好面试官的联系方式，常沟通

如果你的面试过程很顺利，也给面试官留下了不错的印象，但最终因为各种原因没有拿到Offer，你还可以通过一些能要到的联系方式，与面试官保持联系，随时询问是否有机会可以尝试，并表达你想要入职该公司的决心。

这样等到面试官手里真的有了新的机会，第一个想起的就是你。

2.对于每一场面试，都真诚对待

你的态度真诚与否，面试官是可以切身感受到的。你可以想象一下，炎热的夏天烈日当头，你在操场上挥汗如雨后，手中的瓶子里只剩一口水时，和你有一整瓶未开启的水时，那种对水的需求和渴望是不一样的。

同样的道理，如果你很希望拿到某公司的 Offer，并把它当成你的最后一搏或使命必达，和你同时面试好几家公司想要多拿几个Offer之后再挑挑拣拣，你在面试中的表现自然也会是不一样的。这种感觉你可能不自知，但老到的面试官会很容易捕捉和察觉到。

勿急、勿骄、勿躁。希望你可以拿到心仪的Offer。

080 被裁员后找工作，只拿到外包岗位的Offer，我要不要接受？

岗位的好坏，除了看公司的管理制度和福利待遇，还要看你个人的需求。定下目标并一直学习、思考和积累，人生和职场就都可以很精彩。

一位同学向我发出求助，她最近刚被公司裁员，一直很焦虑。她对我说：

"我应聘了一些岗位，发现只能拿到外包的Offer。其中虽然也有一些互联网大厂的外包岗位，薪资也还不错，但很多朋友都劝我不要去，说是去了之后你的简历从此就不值钱了。"接着她问我："你怎么看待外包岗位啊？做了外包以后，真的没有什么晋升机会吗？职业生涯会很糟糕吗？"

其实对于外包岗位同学的发展前景，我个人还是挺乐观的。尤其是大厂的外包，相对于正式员工来说，执行力和技术层面反而会有更多锻炼的机会，在管理层面的锻炼则相对会少一些。不过岗位的好坏，除了看公司的管理制度和福利待遇，更多还要看你个人的需求，比如：

- 你想要在哪个能力层面做积累和学习？
- 你现在的状态是急需工作机会？还是仅仅想试探下市场？
- 你的试错成本有多高？能不能做尝试？

我自己也带过很多优秀的外包同学，他们中有的经过几年的磨炼最后成功转为了正式员工；有的从大厂的外包岗位跳到了中厂职级不低的正式岗位；也有的把这份工作当成是宝贵的职场经验，过了把瘾之后又继续回到校园攻读设计学博士去了。

不管他们做出的是哪一种选择，只要他们定下目标并一直在学习、思考和积累，人生和职场就都可以很精彩。我有几个观点和你分享一下。

1.技术和能力才是硬实力

其实找工作和面试，说到底是在看你的能力和应聘岗位之间的匹配度。

面试官之所以会给你Offer，也是因为他在你的身上看到了与职位相匹配的能力和经验，这才是他选择聘用你的最有力的理由。

我们在前面的问题"078 进大厂做设计师需要有高学历吗？"中也提到过，高学历、海归背景、大厂背书，这些都只是敲门砖，唯有实打实的能力和经验才是硬通货。

对于相对成熟和专业的面试官来说，你所做过的项目和所积累的经验，远比你公司的名头更重要。

2.做好自己的职业规划

最常见的一种情况是，**很多人不做规划就开始焦虑未来。**

你要清晰地确定自己未来1～3年的工作发展规划。不需要很详细，但至少要帮助你在做关键决策时不会犹豫不决。比如，你是要做C端设计，还是要做B端设计？是更想去互联网大厂还是中小型科技企业？是不是想要更换新的行业赛道？想一直做执行层还是想做管理层？这些问题没有想清楚，焦虑就是没有意义的。

有了规划之后，你就会**发现自己现在还欠缺哪些能力，欠缺什么就补什么，坚定地去**执行。

所以就这个层面来看，如果你拿到的外包岗位Offer刚好能够弥补你目前的能力欠缺，帮助你学习和进步，何必不选呢？

3.走自己的路，不要被任何人纳入他的评价体系

现在的就业大环境不太乐观，这个时候要内心笃定，明白自己想要的是什么。

接受 Offer，去了解和学习新业务，对于外包岗位会有新认识，挺好；不接受 Offer，给自己一段不需要工作的缓冲期，读读书，打磨下作品集，等待更好的机会，也挺好。

他人不是你，很多选择要遵从本心，由自己来决定。只要不偏离目标，你的每一个选择都有意义，你的每一步路也都不会白走。

希望我们每个人都能内心笃定，勇往直前。

081 拿到了多个Offer，应该如何做选择？

六项辅助你思考和判断的因素，三条帮助你评估和决策的方法。

应聘给我们带来的烦恼有很多种。很多情况下是"能力被考核"带来的担忧和焦虑，但收到结果后的选择困难症，相信也有不少同学遇到过，比如：

C同学问："一个是企业类型的业务，一个政府类型的业务，前者业务通用性高，便于积累设计经验，但后者设计团队氛围较好，应该怎么选？"

F同学问："收到的Offer的那些公司设计团队都比较小，且设计水平一般。我应该接受这其中最合适的一个Offer，还是应该继续寻找更理想的团队呢？"

W同学问："拿到了两家大厂的Offer，一家是做出行新业务的，工作地点在杭州；一家是做HMI(Human Machine Interface，人机接口，也叫人机界面，多用于指代车载系统的交互设计)，工作地点在上海，薪酬福利也更高一些。这两个职位的平台和前景都很不错，要怎么选呢？"

通常情况下我接到这样的问题，更多的是提供给同学一些客观的对比方式和思考角度，因为最了解你的人，就是你自己，所以判断的权利也属于你。我可以做的是帮助你找到更多的判断因素，来辅助你思考和决策（以下内容排序不分先后）。

1.看职位的行业和社会发展趋势

向善的、符合政策趋势的朝阳行业在未来会更有前景。你可以评估下职位的行业是否有足够的发展空间，是否会得到政策支持，以及设计能在其中发挥多大的价值。

当然，这也并不是说你就一定要转换到"热门赛道"中去，这一点我们在"069 我应不应该更换工作进入'热门赛道'？"中有提及，你可以翻阅一下。

2.看职位的工作内容和责任

看看职位的工作内容是否是你感兴趣的、能胜任的，以及是否能给你的工作技能带来提升。因此，**你要先想清楚自己想要哪些能力得到提升和进步。**

对于工作内容，可以看看能否符合个人意愿和喜好，兴趣是最好的老师，开心很重要；对于工作责任，可以趁年轻多接受一些挑战，越复杂的问题越考验你的耐力和思维，也会让你的能力水涨船高。

3.看工作氛围和团队风格

你可以提前了解下公司的工作氛围、日程安排、行事方式等，如果公司中有你的熟人或朋友，约出来聊聊也是很有必要的。

如果要想在短时间内了解一个团队，你可以先了解它的领导层。他会对团队的工作氛围和价值观起到决定性的影响。一般来说你在几轮面试中的某一位面试官，就是你未来入职后的团队领导人。**面试本来就是一场双向沟通**，面试的过程中你在被面试官评估，你也同样可以评估你的面试官。你可以回忆一下在面试中遇到的团队领导人带给你的感觉。

业务方向很重要，团队的价值观、成员之间的关系、工作氛围同样也很重要，它们会潜移默化地影响着你职场专业性的养成和进步的速度。

4.晋升通道和职位天花板

一般互联网大厂的人力资源部门都会制定晋级评审机制，标准清晰，会相对客观与公平。如果是中小型公司，你就需要去了解下是否有相对公平和有效的上升机制，以及职位在公司中的天花板有多高。这些会影响着你未来几年的工作发展和规划。

5.城市、政策和生活环境

城市及其政策会关系到你的生活质量。不同城市的房价、落户政策和消费水平不同，从落户到住房再到日常开销、每日通勤的方式、享受到的社会服务、接触到的机会和平台等等都是不一样的。这是很现实的问题，看上去与专业工作毫不相干，但其实也是影响你人生的重大因素。

6.薪资待遇和福利政策

我们没有必要跟钱过不去。薪资收入是一个很直接的数字，但这其中也会有很多隐性成本，比如你的股权行权方式、奖金评估机制、通勤成本、公司福利、五险一金等政策，也要提前考虑和了解清楚。建立对这些隐性成本的预期很重要，尽量避免在入职后才发现与自己想象得有差异，那时将会是百口莫辩，有苦难言。

当你考虑了以上诸多因素，发现还是难以抉择时，有以下几个方法你可以尝试：

1.使用权重和打分机制进行计算

你可以对这些因素做好权重分配或设置简单的打分机制，用你的理想职位中各因素的占比与现实中的几个Offer做比较，理性地进行计算和评估。

如果你去应聘的A公司，评估后总分超过了80分（满分100分），或者A公司在几项关键因素（权重比较大的因素）上都比B公司得分要高，那A公司就更值得一试；而如果总分只有50分，就可以再做考虑。

2.判断出自己的价值定位

除了帮你找到理想的工作，**应聘和面试还有一个作用，就是帮助你在行业中定位自己的价值。**在时间和精力允许的情况下，广撒网，多几家公司的评价也会帮助你更好地认清自己。判断出自己价值的大致区间，也利于你做出正确的决策。

如果你觉得A公司对你的价值判断得准确，甚至是高估，当然可以留下；如果不是，也可以再去尝试其他公司，看看能不能获得更高的价值定位。

3.尽可能减少或消除信息差

其实难以选择的原因之一就是**信息的不对称。**举个夸张点的例子，如果两个职位的所有信息细节，比如领导的水平高低、团队的人员构成、工作的具体内容、协作的难点、升职的空间、年终奖的金额等你都知道得一清二楚，相信你一定能果断地做出决策。

所以我也非常鼓励你在拿到Offer之后，发动你所有资源和人脉去打听职位的相关信息。同时你也可以多跟你的面试官（也就是未来团队的同事或领导）聊聊天，既是多了解信息，也是与他建立良好的关系。毕竟不论你怎么选择，未来也都不排除还会有与其共事的机会。

希望这些建议可以帮助你更好地做出决策。

082 想面试的岗位和自己的工作经验不匹配，该怎么办？

经验是可以积累的，技能是可以短时间内提升的，但个人的综合素质和潜力是很难有大变化的。没有经验的加持，你的综合素质和潜能就是你的王牌。

很多想要转行或转换业务方向的设计师，可能都会遇到自己的工作经历与想要面试的岗位需求不完全匹配的情况。我星球里的一位N同学在面试时就遇到了这样的问题，他是这样和我说的：

"我最近在面试B端产品体验设计师的岗位。面试公司的主营业务是企业云盘、知识社区和内容管理平台。但目前我的工作经验是，只做过两个功能较少的B端内部协作平台，做得较多的是C端的体验设计。我这样的情况，该怎么在面试中突出自己的优势呢？"

其实在应聘中，你的经验能够刚好和职位完全匹配的概率是很小的。大部分人能够做到的匹配度在20%～80%。之所以20%的匹配度也有录取的可能性，是因为面试官看中的是你的综合素质、技能和潜力，你在这些方面足够强，强到让他可以忽视你经验上的不足。

经验是可以积累的，技能是可以短时间内提升的，但个人的综合素质和潜力是很难有大变化的。尤其是对于新兴行业来说更是如此，良好的综合素质可以帮助你在不同行业间进行经验的迁移和转化。

因此当N同学问我如何在经验相对欠缺的情况下体现出自己的优势时，我给他的建议有以下两点。

1.先搞清楚以下两个问题的答案

问题一：你自己的核心优势是什么？先找到自己的长板和短板，再想办法突显和回避。最了解你的人是你自己，这一点我们先按下不表。

问题二：你面试的工作岗位需要你具备什么样的能力？用专业能力和职业素养尽可能弥补自己不具备业务经验的缺陷。

岗位对你的能力要求，可以通过研读职位的招聘信息获得。招聘信息上的职位描述通常会详细地介绍该职位的工作内容和责任义务。一些公司的招聘信息中也会直接写明需要候选人具备的能力。

对于没有写明能力要求的面试岗位，你要做的就是从有限的职位描述中解读出岗位需要的能力。例如，职位描述中所写的工作内容如下（这段描述来源于某招聘网站上某知名互联网公司的体验设计师岗位招聘信息）：

"洞察消费者生活方式和价值观的发展变化趋势，挖掘用户的需求和痛点，辅助产品经理为创新产品做规划定义，为产品亮点提供信息输入。"

那你可以从中概括出以下几个核心能力：

（1）信息收集的能力：即对社会发展中的用户生活方式的细节捕捉和趋势概括。你可以多关注和收集与该公司业务相关的时事热点，留心当下生活方式发展及变化，收集这类信息作为面试时的谈资。

（2）需求挖掘的能力：即对于用户需求和痛点的深入了解和洞察。你需要对用户调研类的设计思维和工具方法进行复习，并在作品集里有所体现，以便突出你在这个方面的专业性。

（3）主动创新的能力：即主动利用设计思维赋能产品和业务，提出创新的优化点和解决方案。如果你在之前的工作项目中有设计驱动、赋能业务的案例，可以在作品集和面试中重点呈现。

2.抓紧时间了解新业务的相关知识

在投递作品集等待面试邀约的这段时间里，尽可能地多了解和学习新业务相关的信息和知识。你可以利用"005 新的设计领域，如何开始系统性学习？"一文中提到的学习方法在"道、法、术、器"四个层面对新知识进行了解，也可以多关注面试公司的发展情况以及与其相关业务的新闻和报道。这样做既可以在面试中体现出你对于这份工作的重视和期待，也可以帮助你积累面试时的谈资。

不要担心，没有经验的加持，你的综合素质和潜能就是你的王牌。

083 面试中如何回答"遇到最困难/最有意义/印象最深的项目是哪一个？"

成功的项目中也会有困难，失败的项目中也会有收获。困难越多，最后的成功越显珍贵；失败越痛，经验反而会刻骨铭心。

一聊到面试时"经常会被问到的问题"，大家给我的反馈总有这几个问题：

"你做的这个项目中，对你来说最大的困难是什么？"

"你收获最多的项目是哪一个？为什么？"

"你认为你做得最成功的项目是哪一个？为什么？"

"你认为哪个项目令你印象最为深刻？为什么？"

其实面试官想通过这类问题考察候选人的几项能力是基本一致的，这些能力包括但不限于以下几点：

- 判断能力：考察你能否判断出哪个问题是核心难点；哪个成就是核心价值；以及能否区分出一个项目中的主次矛盾。
- 总结能力：你在完成项目之后是否有复盘和总结的习惯；是否会将几个项目一起做过程对比和经验参考；是否能够将沉淀的经验应用到之后的其他项目中。
- 表达能力：你是否能够观点清晰地论证"为什么"选择这个项目或这个环节，并且逻辑清晰地表达出前因后果，让他人很快地了解项目的来龙去脉。

- 抗压能力：当你遇到困难之后是如何应对并解决困难的，是否能够将压力转化为动力，敢于接受挑战和尝试。

- 自我认知：对自我能力的认知，擅长或不擅长哪些工作，以及对设计价值和工作价值的认知。

因此这类问题回答的思路，你也可以从以上方面入手进行准备。有些经验分享给你：

1.成功的项目中也会有困难，失败的项目中也会有收获

一提到"困难"，你可能想到的就是某个失败的项目；一提到"收获"，你可能想到的就是某个成功的、业绩最亮眼的项目，但其实**成功的项目中往往困难重重，失败的项目也是你积累经验的最佳途径**。

困难越多，最后的成功越显珍贵；失败越痛，经验反而会刻骨铭心。在这种大的反差中，值得讲的经验和沉淀会更多，也更容易论证你的观点。

2.分析问题时列举"一、二、三"

你给出的描述或总结都可以用"第一、第二、第三"来帮助你做阐述。从2~3个方面出发，可以帮助你从不同角度对你的观点做支撑。比如说到项目的收获，你可以从以下几个角度来聊：

（1）从设计专业的角度：我在设计方法的使用和设计思维上有了怎样的收获。

（2）从工作流程的角度：我在类似项目的工作方法和流程安排上有了怎样的提升。

（3）从为人处世的角度：我在和不同团队的同事的配合与沟通方法上有了怎样的收获。

还要注意，每一条都要结合实际情况进行说明，不要只谈大框架和理论性经验，要结合真实的例子描述让面试官感同身受。同时也要把握好细节要点，避免说得啰啰唆唆、面面俱到。比如：

"在设计专业的认知上，我感觉我有了明显的提高，我第一次在实际的项目中使用'可用性测试'这个工具，和之前单纯学习理论还是有差别的。让我印象最深刻的就是在用户做测试时如何对用户做引导，不能简单直接地告诉用户答案，还要随时了解用户心里的想法和认知变化过程。"

3.不要怕暴露自己的弱点

回答这个问题时坦白交代自己的弱点是没有问题的。通过某个项目你认识到了自己的能力欠缺，并进行针对性的补足和训练，对面试官来说，其实是很好的加分项。

当你说完自己在A项目中发现的能力欠缺，可以再用一两句话说说你是怎样补足这个能力，并在日后的B项目有所尝试和应用，带来了正向反馈。

这种面试中很常见的问题，你可以提前做准备。在面试前从作品集中找出1~2个项目，针对这些项目做出成功或失败的经验总结。

084 面试中如何回答"B端产品的设计趋势未来是怎样的？"

面试中遇到的这种聊"未来趋势"的话题，属于半开放式的话题。这类问题考察的是你对于话题中的事物现状的理解，以及对于其未来发展方向的判断。

N同学在最近面试之后，来找我说："我感觉在面试的过程中有一个问题我没有回答好。面试官问我：'你认为B端产品的设计趋势，未来会是怎样的呢？'我有点摸不着头绪。这个问题该从哪些方面去回答呢？"。

我们先来厘清头绪，如果你想将这类问题回答得更有逻辑，可以尝试如下"结构性"的表达思路。

1.找到一个切入点

切入点就是抓手，可以帮助你更快速地开启某个特定领域内的思考。再说得形象一些：这类问题就好比是一扇门，切入点就是门把手，抓住它你就能够快速地打开门，进到特定的场景中。你可以通过拆解和分析问题中的关键词来寻找切入点。通常情况下，切入点并不唯一。

比如"B端产品的设计趋势未来是怎样的？"中的"B端产品""设计"和"未来的趋势"三个关键词就可以成为你思考和回答问题的切入点。这三个切入点，你可以任选其一作为回答的主要结构框架，将另外两点作为内容，进行表述。

B 端产品的设计趋势未来是怎样的？

找到思考和解决问题的切入点

2.找到一条逻辑线

当你以某个切入点进行深入思考时，还需要找到该切入点下的一条逻辑线。有了逻辑线，就不容易遗漏项目，可以帮助你从不同方面想问题。比如：

- 对于"B端产品"，我们可以将"B端产品的特点"作为逻辑线，从"业务目标""产品类型""用户特征""使用方式"等方面来作答。
- 对于"设计"，我们可以将"设计的工作内容"作为逻辑线，从"承载媒介""交互体验""视觉效果""工作流程"等方面来梳理答案。也可以选择将"设计的类型"作为逻辑线，从"交互设计""视觉设计""用户研究"等方面来梳理答案。

- 对于"未来的趋势"，我们可以将"未来的趋势发展方向带来的对于人、事、物影响"作为逻辑线，从"千人千面""简洁高效""多端融合"等方面来梳理我们的答案。

找到思考和解决问题的逻辑线

3.增加案例的支持

回答"未来趋势"这类问题，要把握好分寸，不空谈。所以你可以使用实际的案例作为佐证，来支持你对于某个事物的趋势预判。

因此对于"B端产品的设计趋势未来是怎样的？"这个问题，我如果选择以"设计"作为切入点，以"设计的工作内容"作为逻辑线，更加完整的回答可以是：

1）承载媒介

B 端产品的应用领域日渐广泛，各类终端设备也日渐普及，这就会导致多端化设计的需求日益激增。所以设计师可以去探索和研究更多设备的应用场景。最近华为的鸿蒙系统中也有演示多台设备屏幕之间进行联动的交互效果，也可能是未来的发展趋势之一。

2）交互体验

B 端产品的设计越来越重视用户的个性化需求和体验。提供用户专属的服务，降低用户操作门槛，并考虑无障碍设计相关的原则，来提升产品的包容性和通用性。很多 B 端的应用和业务也在逐步向C端的表达方式倾斜。腾讯的企业微信已经打通了与个人微信的壁垒，钉钉于2020年也开始在C端发力，虽然是服务于B端群体，却从体验上更多地考虑C端用户的行为习惯。

3）视觉效果

在视觉表现方面，B端产品也不再仅仅是千篇一律的单一视觉效果。在不打扰用户完成操作任务的前提下，产品的视觉设计也会变得更加简约、灵动，并与产品的品牌概念相结合，让产品更加具备差异性。字节跳动的Arco Design设计系统中就提供了更加多样性的主题颜色和组件样式，满足不同产品的业务需求。

4）工作流程

组件化和低代码化是日益普及的工作方法，已经被实践证实会带来设计和研发效率上的提升。继Ant Design设计系统之后，很多大厂也都开始做自己的设计系统，比如字节跳动的Arco Design、腾讯的T Design等。现在国内有很多低代码平台也在蓬勃发展。B端交互设计组件化和低代码化已经成了大势所趋，未来这些组件也会更加灵活、全面，更好地服务于业务需求。

当然，你也可以从另外两个切入点和其所对应的逻辑线来描述你的答案，我给出的也仅仅是众多逻辑线中的一种。

这种结构化思考的方式并不难，但却很有效，可以帮助你建立更加有逻辑的思考和表达方式。相信经过日常工作中的不断练习和积累，你一定可以比我思考得更加全面。

你可以在"085 面试中如何回答'B端与C端组件系统的区别有哪些？'"中看到类似的解决思路。

085 面试中如何回答"B端与C端组件系统的区别有哪些？"

B、C端组件系统的区别还是挺多的，你可以先找到一个切入点，再按照一定的逻辑来做分析和阐述。

最近，与组件相关的概念在面试中被问到的频率越来越高了。有位同学分享给我他面试时被问到的与组件相关的问题："面试官问我，B端组件系统与C端组件系统的不同之处有哪些？我暂时只能想到通用性上不太一样……请问你有什么好的思路和回答吗？"

其实B端与C端组件系统的区别还是挺多的。如果你想不到有哪些区别，可能是因为你没有找到思考的切入点；而如果你想到了一些区别，却不知该从何说起，是因为你没有找到一个逻辑来帮你做表达。

所以在面试时回答这类开放性问题，你可以先找到一个切入点，再按照一定的逻辑来做分析和阐述。

因为组件系统是服务于产品和业务的，所以B端与C端组件系统的区别可以从 B端与C端产品和业务的区别入手进行总结。所以我就可以给出以下回答：

（1）从设备载体来看，B端产品以桌面端居多，C端产品以移动端居多。

因此B端组件系统更多是以桌面端或Web端的组件为主，而C端组件系统则更多是以移动端组件为主。

（2）从业务目标来看，B端产品注重效率，C端产品注重体验。

因此两类组件在扩展时的灵活性不同。B端的组件相对稳定、统一，设计可变量相对较少，样式更为简洁单一，更注重组件之间的一致性。在组件规则的制定上，也显得相对严格，"非必要，不改造"。

而C端的组件面对的业务需求变化会更多样。考虑到用户的个性化体验，组件的灵活性和扩展性相对更高，设计可变量更多一些。在组件规则的制定上，也显得相对宽松，更注重组件的衍生使用方式。

（3）从业务领域来看，B端产品侧重于工作领域，C端产品侧重于生活领域。

因此两类组件迭代的方式和速率会有不同。B端业务并不会经常性地产生更迭，因此组件系统也较为稳定，更新迭代的频率较低。C端业务迭代速度快，组件需要跟随业务做优化和调整，因此更新迭代的频率较高。

侧重于不同的业务领域也会导致两类组件系统的内容构成不同。B端的组件更多是功能性为主的组件，更强调专业性，用于赋能业务功能和流程。而C端的组件除了功能性组件，还包括营销类组件，更强调视觉效果，用于赋能市场营销类场景。

再来看看回答这种问题时的思路，如果想让答案更有结构和逻辑，可以分两步走。

1.找到一个切入点

切入点是你思考和解决问题的抓手。你可以通过拆解和分析问题中的关键词来寻找切入点。

比如对于"B端与C端组件系统的区别有哪些？"这个问题，最直接的切入点就是"B端组件系统"或"C端组件系统"的特点，而由于组件系统是服务产品和业务的，所以B端与C端组件系统的区别可以从B端与C端产品和业务的区别入手进行总结。

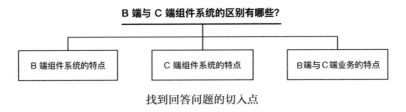

B 端与 C 端组件系统的区别有哪些？

| B 端组件系统的特点 | C 端组件系统的特点 | B端与C端业务的特点 |

找到回答问题的切入点

所以除了我上文给出的答案，如果你更了解B端的组件系统，也可以从B端组件系统的特点出发，来找C端组件系统与之不同之处。

2.找到一条逻辑线

按照一定的逻辑顺序来回答问题的好处是**不容易遗漏内容**，并且你的表述也会更容易**被你的听众所理解**。

我上面的答案就是按照"设备载体、业务目标、业务领域"这几个方面依次说明两类组件的区别的。如果你的切入点是"描述一个组件"，你也可以按照"交互方式、视觉样式、适用平台端、更新频率"等方面描述B端与C端组件系统的区别。

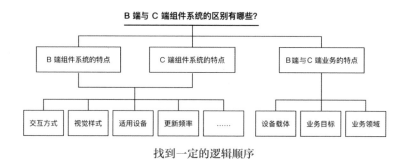

找到一定的逻辑顺序

你可以在"084 面试中如何回答'B端产品的设计趋势未来是怎样的？'"中看到类似的解决思路。

这类问题非常考验你的总结和逻辑表达能力。如果你想训练自己的逻辑化表达方式，可以在平日里描述工作问题和对接设计需求，按照"寻找切入点和逻辑线"的方式训练自己清晰地、有结构化地思考和表达观点。

086 面试中如何回答"你为什么要从上家公司离职？"

先表达对上一家公司的感激，再从职业发展规划的角度和不可抗拒的客观角度做回答。

"如果你在面试的过程中被问到'你为什么要从上家公司离职？'，你会怎么回答？"一位同学略带不安地问我，并继续补充道："我最近面试时被问到这个问题，是根据实际情况回答的。我说'在这家公司待了几年一直只做一个项目，工作有些单一、重复。为了自身的发展，想去尝试些新的产品项目或业务。'结果我给自己挖了一个坑，被面试官反问：'那你想去做什么产品和业务呢？'我只好说：'我还没考虑清⋯⋯'"他想了想又问："如果直接回答'薪资给得不到位'，是不是不太好啊？"

其实这个问题是面试时的常见问题之一，也的确很容易踩坑。我的建议和思路如下。

1.先表达对上一家公司和团队的肯定与感激

不论上家到底对你有没有亏欠，当初入职都是你自己做出的选择，因此任何吐槽和抱怨也都是在否定你自己的决策能力，而多表达肯定与感激，也会突出你懂得感恩、珍惜缘分的品德。

在夸赞上家的同时，也可以顺带说一说自己的工作环境和核心能力。比如"我目前的工作还是不错的，和老板同事相处融洽，我在某某项目上的工作能力和专业技能也大有长进，我很感谢公司对我的培养"。

2.从职业发展规划的角度，谈你换工作原因

你可以先描述下你的职业发展目标、规划路径和能力倾向。每一点举出一两个方向就好，这个是需要在面试前认真准备的，不要总对自己的临场发挥有过高的期待，否则很容易像这位同学一样给自己挖坑。

接下来你可以从两个方面补充描述：

- 说说上一家公司为什么不能满足你刚刚说的职业发展规划，要客观描述，不要加入主观情感。比如业务单一、方向不对口、没有晋升机会等。
- 说说你应聘的这家公司为什么能满足你的职业发展规划。比如业务丰富、方向一致、晋升机制完善等。

3.可以再补充一些不可抗拒的客观原因

比如因为家庭原因要更换城市，或者公司组织架构调整之后的新岗位不符合你的职业发展目标，或者通勤时间太长，等等。不可抗拒的客观因素会增强你的说服力。

4.表达出你对新工作岗位的强烈兴趣

其实通过这个问题，面试官不仅可以考察你的人品、性格和工作规划，还可以考察出你对这份新工作的意愿度。如果你非常希望得到这份工作，可以顺便表达出你对该工作岗位或者该行业的强烈兴趣。

这一点也需要你前期对面试公司做好充分的背景调研。这种兴趣与意愿的表达可以很自然地帮助你切换话题。而你对于公司的信息储备也可以成为你和面试官之间的谈资。

"上家薪资给得不到位"这种说法，我个人建议不要提。因为这有可能会踩到一些公司的红线。如果你能顺利通过面试，会有专人和你对接薪资待遇，但看重薪资这件事情，多少会给面试官留下"追求短期功利"的印象。

希望你在下次遇到这个问题时，能给出令你和面试官都满意的回答。

087 面试官询问你的爱好，该怎么回答？

不要在这个问题上做话题终结者，也不需要刻意地往专业话题上靠拢，做真实的自己最重要。

S同学说他在面试时经常会被问到"你的爱好是什么"，他对我说：

"每次被问到这个问题，我都有点不知所措。我猜面试官可能是想通过我的爱好，来

判断我的性格。所以我问答的时候就有点纠结——如果是跟工作完全不相干的爱好，说多了怕没什么价值；说少了又担心对方觉得有点敷衍。而且有的时候，面试官还会继续追问，让我感觉这个问题好像很重要。当面试官问我的爱好时，究竟想了解什么呢？我到底应该怎么回答呢？"

其实相比于其他问题，这个问题算是面试中比较好回答的了。

就我个人的面试经验来说，如果我作为面试官问这个问题，通常是觉得候选人已经比较符合要求，并且没有什么可以再继续深入问下去的专业话题了，因此想通过一些简单的生活类的问题来看看候选人的性格和生活状态，判断一下是不是能够顺利匹配团队的气质和氛围。

如果你的面试职位需要一些专业技能和个人特质，比如你去面试的是游戏设计师岗位，面试官也会从你的爱好中推测你是否具备游戏设计的天赋；再比如你去面试的是智能汽车交互设计岗位，而你的爱好是长途自驾旅行，很明显会对你的专业起到帮助和推进作用。

所以我们在回答这类问题时，有以下几个建议。

1.实事求是，有一说一

只要是阳光正向的、不违法乱纪的爱好，都可以说一说。即使没有爱好也不丢人，说说平时空闲的时间里喜欢干什么，也是可以的。不要不说话，也不要说大话。

2.尽量多说，把天聊活

不要在这个问题上做话题终结者。如果你喜欢做的事情都聊不出来个一二三，那对于有难度和无法回避的工作，你的状态怕是也不会更好。

所以尽可能地多说几句，不一定把重点都放在描述"爱好"本身上，也可以说一说跟爱好相关的其他事情。比如你喜欢滑雪，就可以说一说最近刚去了哪个滑雪场，新学到了哪些滑雪技能。如果你的面试官恰好也是个滑雪爱好者，你们就可能会聊得更好，从感性的角度来看，他也是有可能多给你加分的。

3.做足功课，建立人设

如果你是个有心人，你可以提前对面试公司的工作氛围和团队风格做调研，也可以从公司的产品和业务特征上做判断。比如你面试的公司的主打产品是以年轻用户群为主的短视频平台，你的爱好、面试着装甚至是谈吐都可以尽可能地与产品气质相吻合。

下图是蚂蚁集团的设计体系Ant Design 3.0版本的官网上对于前端的招聘帖，里面有一个让我记忆深刻的描述：爱猫（猫用的还是表情符号）。养猫当然不是你加入团队的必备条件，但从这条描述足以见团队乐天、细腻的风格和情怀。

- ○ 岗位地点：杭州
- ○ 岗位要求：
  - ○ 在 React 技术栈持续耕耘，情有独钟。
  - ○ 热爱开源。
  - ○ 坚持和善于用技术和工具解决其他问题。
  - ○ 丰富的中后台前端研发经验。
  - ○ 爱 🐼。
- ○ 岗位职责：
  - ○ 负责 Ant Design 前端基础设施研发。
  - ○ 负责中后台设计/前端工具体系建设。

Ant Design 3.0版本的官网上对于前端的招聘帖

大多数情况下，你的爱好是否和专业直接相关，并不会对面试结果起到决定性影响。不是所有的回答都要刻意地往专业话题上靠拢。做真实的自己最重要。

088 在小公司只有我一个设计师，面试时被问到设计团队有多少人，该怎么回答？

除了实事求是，还要表达"自信"和"渴望"。"自信"体现在你对自己能力和选择的认可；"渴望"体现在你对新工作和新挑战的期待。

有位同学和我说，她在面试时会遇到面试官问有关团队情况的问题，她是这样描述的：

"我目前在小公司，设计师只有我一个人。我很想去大公司尝试一下，可面试的时候经常会被问到'你现在的工作团队里设计师有多少人'这种问题。我如果回答只有我一人，会不会很吃亏啊？这算不算是一种劣势？在这种情况下如何回答才能让面试官认可呢？"

其实从小公司进入大厂的优秀设计师并不在少数，我也是其中之一。我一直强调的一个观点就是：面试的重点在于考察你具备的能力和经验，是否能够匹配相关的职位。从这一点来看，只要你面试的不是管理岗位，就不会很吃亏。

不过这种情况下，回答这类问题还是要有一定的语言艺术，懂得避重就轻。

1.说明情况，适当美化
你需要先介绍你现在工作团队的情况，要实事求是，可以适当地做些语言上的美化。

比如你可以这样说："我在的创业公司成本有限，只有我一个正式的设计师。但团队会帮我找兼职或实习生，由我来负责分配和管理他们的设计工作。"或者是"虽然只有我一个设计师，但我的直属领导是设计专业出身，后来转成了产品，所以在设计经验上对我也有些帮助。"

2.分别阐述优势和弊端

对于工作现状的优势，你可以结合你正在面试的职位要求来阐述，同时可以表达对现公司的感激。比如你可以强调："我一个人来管理公司的所有设计需求，设计专业能力发展得会更加多元，在视觉、品牌、交互和工业产品设计上都有涉及。"或者是"由于公司人少，工作沟通环境相对扁平化，所以在与不同岗位同事的对接能力、个人的项目管理能力上也会有所提升。"

对于工作现状的弊端，你也可以大大方方地说明。如果你能清晰地指出工作环境中的不利因素，也恰恰能体现出你有明确的工作规划，也能从侧面体现出你的发展诉求。比如你可以说："在工作中与同行的交流欠缺，设计领导力的锻炼欠缺。由于缺乏比较，所以找不到明确的个人设计能力定位。"要注意的是，在描述的时候**语气和立场要客观，不要带有情绪或抱怨**。

3.表达对未来工作团队的意愿

承上启下，接下来你可以顺带说说你期望的工作环境。你可以提前对你正在面试的公司做好背景调研，了解公司的工作环境和协作方式。你的期望就可以围绕这些信息展开，也可以顺便表达你对面试公司的向往与期待。

这样的回答既可以"捧"你的下家，又不会"踩"你的上家；能体现你对个人工作的规划，还可以顺便开启新的话题。

我们在面试的过程中，除了大部分情况下要保持理性和客观，还要注意两个很重要的情感传递。一是自信，二是渴望。

"自信"体现在你对自己能力的认可，**以及对于自己的决策和选择的认可**。这里说的决策和选择，**既包括以前的，也包括当下的和未来的**。这也是你敢于承担决策责任、乐观面对选择结果的体现。

"渴望"是指你对于**新工作和新挑战的期待**。在面试的过程中适时地表达出这种情感，可以让面试官感受到你的**热情、真诚和坚定**。

有的时候，你以为的劣势通过好的表达，也可以变成一种很好的助攻方式。

089 如何才能准确回答面试官的问题，避免自说自话？

一是听清楚问题，准确理解对方想要的信息；二是"总分式"作答，掌控自己的回答内容；三是调整好心态，做最真实的自己。

Z同学问出了一个很多同学都会在面试中遇到的问题：

"我发现我在回答面试官问题的时候完全是在自说自话，经常说着说着就会忽略对方的问题是什么了。我总结了一下，发现导致这种现象的原因有两种，一是可能我所给出的答案不是对方所问的；二是虽然知道对方问了什么，但是总想往自己知道的知识上靠，越说越多、越偏，最后答非所问。怎样才能准确回答面试官的问题呢？"

其实Z同学已经做了很好的复盘，明确地找到自己的问题所在了。核心问题有两个：一是如何准确地理解对方的问题；二是如何掌控自己的回答内容。接下来就是找到这两个问题的解决方案。

你可以试试以下几个方法。

1.听清楚问题，准确理解对方想要的信息

这里的"听清楚"，一是指文字上的"清晰听懂"。如果你没有听清或听懂面试官的发音或词句，一定要礼貌地询问，请面试官再重复一遍。即使是让面试官重复两遍，也好过你因为没有听清问题而答非所问。

二是指信息上的"洞察分析"。指的是听清楚面试官到底在问哪些核心内容，又对哪些信息更感兴趣？你可以从面试官给你提问时的问题背景描述，或者是你们刚刚聊的上一个话题，再或者是面试官对于问题描述时的语气侧重词来判断问题中的重点信息。

如果你的确没有理解对方的问题，又不太好意思让对方再复述一遍，可以试试这样做：

- 你可以**先复述你听清楚的一部分内容**，请面试官仅对你没有听清楚的那部分做重复提问。
- 在面试官重复提问的过程中，不断地点头或用"嗯"来回应面试官，你有听清楚他正在描述的内容，以示尊重。
- 你可以把你所理解的问题描述一遍，**询问面试官你表达得是否正确**；也可以加上一点自己的理解，询问面试官这是否是他想要了解的内容。

要知道，**将他人的问题听清楚再作答，本身也是对他人的一种尊重**。

2."总分式"作答，掌控自己的回答内容

在回答问题的过程中，你可以采用"先总后分"的形式，先向面试官整体概述你作答的思路，再分点进行详细描述。比如你可以这样的句子开头："我会从A、B和C这三个点

来回答这个问题。"或者"我会从正反两个方面来陈述我的观点。"

这样做的好处是，不仅可以帮助面试官建立起对于答案的预期，让对方能够更加集中精力跟住你的思路；也是在给自己陈述的内容做框架和结构梳理，让自己的回答显得更有条理；更是在提醒自己掌控分寸，不要越说越兴奋，止不住话题或者偏离了题目。

至于如何找到回答问题的框架，你可以通过面试官的问题，找到回答的切入点，再从切入点找到逻辑线，形成自己的结构化表达框架。

这一点我们在"084 面试中如何回答'B端产品的设计趋势未来是怎样的？'"和"085面试中如何回答'B、C端组件系统的区别是什么？'"中已经看到详细的案例，这里不再赘述。

3.调整好心态，做最真实的自己

有些面试官可能平易近人，比较好说话，聊起来相对更轻松自由；有些面试官的气场很强，可能会让你产生一定的紧张情绪。你可以提醒自己做到"三不"。

一是"不急"。

不急着回答，面试时回答问题，"快"不重要，"准"才重要。

不急着反驳，当被面试官质疑时，换位思考，沉着应对。

不急着表现，整场面试都是你展示自己的机会，细水长流。

二是"不慌"。

面试其实是双向的，面试官在面试你的能力和经验，你也在面试对方是否能成为你的领导或同事。所以你并不比对方"低半头"，这是一场平等的技术交流与经验切磋。

面对不同风格的面试官，你都要自信大方，切不失对对方的尊重，保持情绪和语气的稳定。

三是"不装"。

不要不懂装懂，没试过、没想到、没做好的问题要敢于面对和承认，以积极的态度来应对。敢于正视自己的失误也是一种勇气，先承认问题才能纠正问题。展现真实的自己最重要。

面试其实是一场沟通。在表达自我观点的同时，时刻关注听众的反馈，听清和厘清听众的需求，就是让沟通更有效的方式。

090 我应该为面试做哪些准备？

在面试之前，可以从面试的形式、内容和氛围三个方面做准备；在面试之后，也要做好复盘，调整状态。

经常有同学和我说接到了面试通知，总觉得不是那么胸有成竹，想问问我在面试前应该做好哪些准备。我们不打无准备之仗，在面试之前你的确需要做很多准备和攻略。

一、为面试的形式做准备

当你投递简历的公司跟你电话邀约面试时，一定要主动问清楚面试的形式是什么。

比如有些面试官习惯使用视频面试，还需要候选人"共享屏幕"讲解作品集。那么在面试的前一天，你就应该在电脑上装好视频软件并练习一下共享屏幕的功能。需要的话也还要尝试下"背景虚化"或"替换背景"功能，检查下电脑上的音响不好用、是否能够连上耳机、要展示的作品集和其他相关内容是否已经都放置妥当，等等。

你还要找一个适合面试的环境。背景可以被虚化，还要保证声音清晰。所以尽量避免在吵闹的咖啡馆、网络环境不稳定或者回音很大的房间里面试。

你可以提前演练一遍面试当天的情景，细节决定成败，从怎样打开电脑到开启视频面试软件，再到完成作品集的讲解，精细到每一个动作，最大程度地避免当天突发事件的产生。

线上面试如果不提前准备，在面试的当天遇到各种设备问题，若是面试官心情好，他会等等你；要是面试官脾气不太好或者要求严格，那你的第一印象就会大打折扣。

线下面试如果有条件的话，可以提前去面试地点踩踩点，计算下通勤时间，避免迟到或找不到约定地点。也要检查下电脑电量是否充足，带好电源适配器以防万一。

二、为面试的内容做准备

你可以做以下几项内容的预演。

1.给自己讲几遍作品集

要真的发出声音地讲出来。发出声音地讲解练习，与在心里默念的感觉是不一样的。

这样做，一是要看看能不能讲得通，如果觉得哪里有问题或不熟练，要在面试前把问题解决掉。二是要对每个项目讲解所需的时间有了解，你需要知道每个项目在讲解时，如果时间不够应该减少哪个部分的描述；如果时间充足，应该展开讲解哪个部分的内容。

多练几遍，直到对内容烂熟于心。

2. 练习常见问题

你可以把面试官最常问的几个问题提前准备好答案，比如：

- 你最成功/失败/最有收获/印象最深刻/最困难的项目是哪一个？为什么？
- 给你一个机会，你最想给作品集中的哪一个项目做优化？
- 你最擅长使用什么设计方法，有没有具体的项目案例？

把这些问题对应到你的项目中，进行描述联系。你也要找到作品集中的项目之间的关联性。受作品集篇幅影响，一个项目不可能面面俱到，当面试官针对一个项目的弱点进行提问时，你就可以用另一个项目为之进行补充。

3. 好好研读职位描述

面试官会很关注你的能力与岗位要求的契合度。**面试岗位需要的能力，就是你最应该表现出来的。**

因此你需要从JD（Job Description，职位描述）判断和了解你应该展示出来的核心能力，在一些可以主观选择和发挥的题目中加以强调。

如果条件允许，你也可以根据JD的能力需求，增删和调整下作品集中的内容；或者在联系讲解作品集时，重点突出与 JD 要求相关的内容和环节。

三、为面试的氛围做准备

不要小看氛围和情景，这也是影响你在面试官心中印象的重要因素。

1.给自己建立一个"人设"

你可以先了解下将要面试的公司或团队的工作氛围，**根据团队及其员工的气质和形象，给自己量身定制一个"人设"**。比如应对不同工作氛围的团队，你在面试时可以更加的"谦虚踏实"，或者"锐意创新"，或者"乐观皮实"，并从面试的着装、语速等方面，尽可能地表现出你个人与团队气质相契合的特点。

当然也不是鼓励你去伪装自己，而是在自己的特点上稍稍增加一些变量，提高你在面试官心中的好感度。

2.演练困难情景和负面情绪

面试中一定会遇到一些难点和不那么顺利的情景，你可以提前对一些困难情景和你可能会产生的负面情绪做演练，比如：

- 如果遇到答不出来的问题，要怎样放平心态，继续与面试官沟通？

- 如果被问到一些"硬伤"，比如学历、工作经验中欠缺的点，自己要怎样做解释和弥补？
- 当面试官发现了你做的项目中的问题并指出来，你应该用什么样的态度去面对？应该如何表现？
- 如果没有听清楚或不理解面试官的问题，应该怎么办？等等。

提前做好这些设想，会帮助你在面试中更好地管控住个人情绪。

其实每一场面试对你来说都是一次历练和成长的机会。不光是在面试前要做好准备，在面试之后也要做好复盘，把面试中的问题重新回忆一下：

- 哪个问题可以回答得更好？
- 哪个问题还不知道答案？
- 这次面试给了你哪些新的认知和启发？
- 面试官对你的作品集如何评价？可以怎样修改？
- 你对面试官的评价是什么？等等。

针对这些反馈和复盘，适当优化你的作品集，调整你的个人状态，等待更多机会。

第 4 章
生活感悟｜认真工作，快乐生活

本章内容是我在日常生活中的感悟合集。这些感悟来自各种方面，我也在这些思考和总结中日渐成长。

认真工作，快乐生活。踏踏实实地走好每一步，尽人事，听天命。有一天当你回首，自会无愧于心。

091 进步到底指的是什么？

每天都要比前一天做得更多，是量变的进步；而每天都修正自己的问题，是质变的进步。

有个朋友在和我聊天时，问了我对于"进步"的看法。他很上进，认为进步就是"每天都要努力做到比前一天更好"。

阿里巴巴也有一句话："今天最好的表现是明天最低的要求。"我曾经也很认同这句话，但现在觉得未必要如此。

以前的我对于时间和精力习惯于毫无保留，从周一开始就拉满弓，上紧弦，全力以赴。周二依旧如此，周三感觉效率会有所下降。周四、周五感觉就已有明显的疲劳感了。我在复盘时渐渐发现，一周以来的确是做了不少事情，但也熬尽了不少心血。一周结束后回过头来看看，有些工作其实没有必要大费周章。**我做了这么多的事情，也只是在强调"做"而已，对于实现最终目标并没有起到太大作用。而因为太过用力，还很容易钻牛角尖，导致更加严重的方向性错误。**

马未都先生曾在某个节目里提到过一个观点。他说并不是"不停地取得更好的成绩"才叫进步，很多时候你**更需要的是"修正错误"**。修正前一天错误的方向，慢慢把方向调正确，步入正轨，本身也是一种进步。

举个例子，茫茫的草原上，狮子在追斑马，狮子从 A 点出发，斑马在 B 点，狮子奔向 B 点，但斑马已经往 C 点跑去，在追逐的过程中斑马不停变换位置，狮子不停跟着斑马的位置修正方向，最终狮子在 D 点抓到了斑马。

在这个过程中，狮子的每一步都在修正它前一步的错误方向，它并不需要一直埋着头做加速度，因为它的目标并不可能一成不变。它只有跟着目标不停地修正自己，最终才可能捕获目标。在没有修正到正确的方向前，任何的加速度都有可能是一种浪费。

我们人也是一样。我们所处的环境是多元的，目标也是动态多变的，学会跟着变化的目标和环境不停地修正自己，很重要。

每天都要比前一天做得更多或更好，是一种量变的进步。这种进步需要你付出很多努力，不停地做着加速，却并不一定真的能帮助你达到目标。而当你这样努力还没有达到目标时，你会更加沮丧，因为你付出了太多，你的加速度会让你身心俱疲。

每天都修正自己的问题，并小幅度地调整方向，是一种质变的进步。这种进步会让你更好地锁定目标，更高效地积累经验，更有可能达到目标。即使最后你仍没有实现目标，你也不会太沮丧，因为这个过程中你并不会拼杀得很累，你是在享受努力的过程，也会收获一个逐渐变得更优秀的自己。

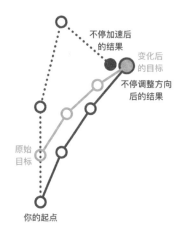

不停修正自己的方向，更容易达到目标

我们常说"选择比努力更重要"。人生是一场长跑，希望你能够在奔跑之余，亦有时间欣赏路边的风景。

092 短板和长板更应该精进哪一个？

长板就是你的核心竞争力，也是你在职场中的定价标准。人无完人，知足常乐。

最近和朋友聊到一个话题：你是会花更多的力气来补短板？还是花更多的时间来精进你的长板？

这是个很有趣的问题。我个人的时间分配是80%的时间用在自己擅长的事情上，另外20%的时间用在补齐短板。原因有以下几点。

1.长板就是你自己的核心竞争力

你的长板其实就是你在职场中的核心竞争力。现代社会更多的信息互通带来的影响是，没有人能靠单打独斗取得成功。因此在工作中，你的短板可以通过团队协作得到补充和解决，而你需要做的，是用你的长板来补团队的短板。所以精进长板可以更好地确立你自己的优势，让你的价值被看到、被认可。

2.兴趣是最好的老师

在你擅长的领域花力气，更容易获得成果。因为好的成果会提供正向反馈，因此你会感觉学习效率更高，也就更乐于学习。

而当你把时间花在补短板上，常常会觉得很吃力或成长很慢。当你难以得到正反馈时，效率会很容易下降，你也会很容易陷入焦虑，在艰难学习的过程中会产生更多的自我否定："为什么我这么努力却没有/很少有回报？"。

3.人无完人，知足常乐

你的短板可以补，只要不影响你的专长发挥、不会让你在关键时刻掉链子就可以了，即使要补，也不要对自己过分严苛，学会小胜即庆，知足常乐。

高考的时候，我们大部分人追求的是德、智、体、美、劳全面发展，所以我们的思维定式是"哪科拖后腿补哪科"。但这已经不适用于商业社会。我们很容易忽视以下几点：

（1）高考每一科都是有满分的，满分就是天花板。而在职场工作中，**没有最好，只有更好**。也就是说你的**专长没有天花板的限制**。

（2）虽然数量不多，但是仍有凭数学竞赛、体育特长、音乐天赋上名校的成功案例，**你有天赋加持的长板更值得培养和精进**。

（3）在社会工作中你的定价，以及能否得到你想要的工作岗位，往往取决于你**最突出的专项能力与团队所缺是否匹配**。

我还要强调以下两个认知。

1．"短板"不是"欠缺"

"短板"和"欠缺"是有本质区别的，两者的区别在于：

短板：

- 未来大概率不会用得上；
- 即使不补，也不会在你发挥长板时拖你的后腿。

欠缺：

- 未来大概率会用得上；
- 是你在发挥长板时的阻碍和减速器。

所以"短板"补不补都可以，尤其是在以团队合作为主的职场工作中，你的短板可以由其他同事补上，你的长板才代表你的价值。"欠缺"必须补，否则就会成为你未来工作中的最大阻碍。

2.短板是会变化的

随着我们不断地成长和发展，我们的"短板"有时可能会变成"欠缺"，对此你要有准确的判断。

举个例子，假设你是一名蛙泳运动员，你的目标是拿世界蛙泳冠军，那你的蝶泳游得好不好（也就是你的短板）对于拿世界蛙泳冠军来说，问题不大；但你要是水下换气技能不好（也就是你的欠缺），这就是个大问题，一定得补。

而如果几年后你已经拿到了蛙泳冠军，你的目标变成了世界个人混合泳冠军，那你的蝶泳技术就从曾经的"短板"变成了现在的"欠缺"，必须要补。

也有一些同学和我说，不知道如何才能发现自己的长板，或者不知道自己擅长哪些方面的工作。

你可能会觉得长板与天赋相关。的确，如果你在某件事上有天赋，你做起事来会比其他人更顺手，但却并不意味着你在此事上会一直领先他人，也不意味着你能够将其变成你自己的专长。发现自己的天赋可能是个偶然，但想要把它变成自己的长板，付出努力一定是必然的。

我们大多数人都是平平无奇的，要想成为天才，**就必须很努力，才会看上去毫不费力**。有几个方法可以帮助你找到擅长之处并不断精进。

1.敢于尝试，多给自己几次机会

敢于尝试新鲜事物，不要急着否定它们或否定自己。人的潜力是无限的，我们对自己的能力边界和潜力范畴并不会完全了解。当你以为某件事自己不擅长时，请再给自己几次机会，不要过早地产生抵触心理。也许你并不是不擅长，你只是不了解而已；**也许你以为的短板，是被你压抑了的潜能，它一直在等待着被你发现**。

2.找到正反馈，持续练习

有些事会在你完成之后给你一些正向的反馈，激励着你进一步研究和精进它们。这种日复一日的练习就会帮助你慢慢将一些能力变成专长。

我们读书的时候总会看到一些"偏科"的同学。A同学数学好，不是因为他天生就会数数，可能是因为某次接近满分的数学成绩和老师的表扬给了他足够的正反馈，让他愿意为之投入更多的精力。而之后他也因为努力获得了一次又一次的好成绩，这种"一发不可收拾"的正反馈促使他用更多的时间来精进数学。于是久而久之地、自然而然地，数学就变成了他擅长的科目。

很多时候我们真的分不清是因为喜欢所以擅长，还是因为擅长所以喜欢。

3.听听他人对你的评价

我们对自我的定位和认知有时是不准确和不客观的。多去与一些有经验的、优秀的朋友和前辈聊聊天，从他人对你的评价中，可以更清晰和客观地认识自己。这些人给你的建议和评价，虽不一定会直接指出你擅长的是什么，却也可以帮助你找到值得努力的方向。

4.追随榜样的脚步

如果你对自己没有太多的规划和信心，你也可以看看你的榜样或工作中的导师有哪些专长和特点。他们是你认可和愿意追随的人，也一定和你有一些共性。你可以分析下如果你想成为像他们一样的人，你需要掌握哪些技能。

你可以紧跟你的导师，向他请教和学习，将他的长板吸收过来变成自己的长板。由于他已经在某个领域有了较高的建树，你的起点自然就会更高。而有了他的言传身教，你也会进步得更快。

有偶然的天赋，也仍需必然的努力。当你能够用正确的方法为一件事情付出一万小时，你就是专家。

093 面对变化，如何克服担心和焦虑？

唯一不变的是变化，在变化中找到确定性，在确定性中建立内循环。

大多数人不喜欢变化，总想找到一个稳定的、可以量化的目标，并用自己一直擅长的方式去努力。这当然没有错误，但却是一种学生式的惯性思维。变化是生活中的常态，只有坦然面对变化，不断调动主观认知以及资源来解决新的问题，才能帮助我们真正进步和成熟。

当我们回顾以往经历，会发现生命中的变化也并不全是偶然。我们曾经走过的每一步路，皆是成因。究其根本，我们并不是讨厌变化，而是不喜欢变化带来的"不确定性"。这种"不确定性"往往是导致我们焦虑的原因。所以在变化中为自己建立"确定性"很重要。方法其实也很简单：把问题拆分、拆分再拆分，然后迈出第一步。

举个例子，经常有同学跟我说："最近想换工作，又找不到心仪的岗位；觉得能力不够，想要补充和优化作品集，又觉得无从下手，真焦虑啊！"

其实你拆开看，"换工作"通常就是要做以下几件事情：

（1）选工作岗位；

（2）整理作品集；

（3）持续面试；

（4）其他暂时不需要考虑的环节。

这其中的第一步"选工作岗位"还可以再拆：

（1）找应聘的途径和渠道；

（2）自我认知和自我定位；

（3）了解有发展前景的行业，等等。

而其中的第一个环节"找应聘的途径和渠道"还可以再拆：

（1）用靠谱的招聘应用产品；

（2）求助社交圈；

（3）通过公司招聘官网，等等。

当然你还可以继续拆，直到给自己下一个确定的指令，并可以直接开始操作。

不过，大多数人开始第一步操作之后，还是会习惯性地担心：担心未来结果的不如意，担心可能的失误，担心别人的指指点点。这种担心是人类的天性使然，要克服是很难的。我的方法是建立自己的"内循环"，找到每一阶段的目标、指标和方法。

这里的目标是指"真目标"，也就是你做这件事真正需要达到的目标。而有一些看上去主观的、不切实际的期待和念想，其实是会对你产生干扰的"伪目标"。

举个例子，当你去应聘新工作时会感到紧张，可能源于这些担心：

- 我能不能顺利通过面试？
- 是不是发挥出了最好的状态？
- 他人会如何评价我的外貌？等等。

由此就派生出了一些"伪目标"：

- 我一定要顺利完成面试；
- 我一定要发挥出最好的状态；
- 我一定要时刻保持最佳的仪容仪表；等等。

于是，你的注意力和行为重心就会不自觉地被转移和分散。

但其实这些都是"伪目标"，也都是干扰项。对于面试来说，你的"真目标"应该是：展现自己与职位匹配的能力，从而得到这份工作。你的目标定义得不同，你对事情的思考方式和行为表现就会不同。

确定了"真目标"，接下来要做的是给它设定"指标"。指标用来衡量和检测你的目标完成的质量。举个例子，如果面试的岗位要求你"具备用户数据分析经验"，那你给自己定的指标就可以是：在面试中对作品集讲解时，用至少10%的语言内容或不少于10分钟的时间来呈现对于用户数据的分析能力。

"指标"可以帮助你理性且有效地达到"目标"。如果你判断自己在实践过程中没有完成某一个"指标"，就可以使用一些"方法"来及时调整。比如还是我们上面说过的面试的例子，当你发现你在面试中只用了几句话或两三分钟就讲完了这个项目中用户数据分析相关的内容，你可以再补充讲解一个与之相关的项目案例，或者再深入谈谈你对于数据分析的概念理解和工具使用经验。

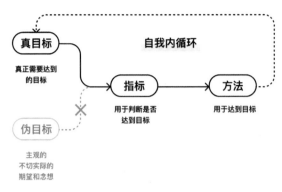

"目标、指标、方法"三者构成的"内循环"

这种"目标、指标、方法"三者构成的"内循环"，会让你的自主意识和行为始终朝正确的方向行进，在行进的过程中也能够不断地保持清醒和自省，你会很容易进入一种"心流"（在心理学中是指一种人们在专注进行某行为时的心理体验），执着于完成目标，心无旁骛，帮助你渐渐忽视和忘记不必要的担忧。你也会慢慢拥有一个更强大的内心世界。

希望你也可以在变化中，找到属于自己的确定性，建立自己的内循环。

094 职场危机与兴趣爱好有什么关系？

兴趣爱好其实是你给自己创造的新的发展机会，帮助你抵御风险，开启新的征程。

有位同学和我聊天时，问了我一个问题：你对互联网行业的"35岁中年危机"怎么看？既然他这么问了，说明其实他已经肯定"中年危机"在互联网行业是存在的了。

其实看看周围的朋友和当下的大环境，你会发现危机并不在35岁，它藏在你正在经历的每一天里，日积月累，只待爆发而已。不管你多大年龄，如果你没有危机意识，不做规划，每天得过且过，就一定会被更好用的、性价比更高的人替代。

所以是否有危机，并不在于年龄，而在于**你是否能够抵抗住风险并依然拥有年轻的心态**，积累丰富的经验和阅历，既能够在复杂多变的环境下张弛有度、来去自如，又能够像25岁的年轻人一样敢于尝试，喜欢探索和挑战，寻找多种方法解决问题。

职场本身就是金字塔，越往上爬位置越少，塔尖只有寥寥数人，因此失败和离场也是人之常情。而能够拥有年轻的、健康的心态和思维，即使有一天你被优化，也可以迅速地转变身份，靠积累的经验和人脉，在新的领域和起点继续出发。

如果想要更好地抵御职场风险，除了在工作事业上打拼之外，也可以尝试培养一个兴趣爱好，给自己创造一个新的发展机会。

我曾经听过一场讲座，演讲者将"中年危机"定义为"意义危机"。怎么理解呢？其实我们寻找的"意义"通常是指三个大方向上的意义：

一是在工作事业上找到意义；

二是在人际关系上找到意义；

三是在兴趣爱好上找到意义。

对于大多数人来说，我们在工作事业上和人际关系上找到"意义"都不会太难，而在兴趣爱好上找到"意义"就不是那么简单了。因为成年人如果去系统地培养一个兴趣爱好，并在其上找到意义，是需要不少时间和精力的。

那我们为什么还要这样做呢？因为我们需要的是"平衡"。在只有"工作事业"和"人际关系"的二分系统里面，想达到平衡其实是比较困难的。

举个例子，假设你没有良好的家庭氛围和心照不宣的朋友，只有工作和事业，就相当于是金鸡独立，在这种情况下你的抗风险能力就会降低。如果未来有突发情况让你的工作事业打了折扣或被迫中止，你的人生就会瞬间失去大部分意义，陷入"中年危机"。

道家的理论"一生二，二生三，三生万物"，其实就有这样一层含义：在任何时候三足鼎立，都会让系统比较牢固，也可以做出更多的扩展。所以培养兴趣爱好并不是为了让自己轻松愉悦或韬光养晦的附加项，而是可以用来抵御部分风险的必选项。

对此，我自己是有充分体会的。知识输出和写作就是我的兴趣爱好。有一段时间我在职场工作中郁郁不得志，想要换工作但奈何资历尚浅，因此只能慢慢等待机会。在那段日子里，即使我和家人的关系和睦，也依旧无法抵消我对于工作的焦虑感，而这种焦虑有时甚至会反噬和影响到我的人际关系，我会时常对家人发脾气，也不再喜欢接受朋友们出游的邀请。

当我意识到我不得不找一个新的突破口时，我想到了写作和输出。我开始尝试做公众号和写文章，记录工作中的经验沉淀和学习思考。刚开始时并不容易，一篇文章的写作时长在十几个小时以上，读者却寥寥无几，但我却从中收获了很多乐趣与成就感。

能够利用工作之外的闲暇，去做自己喜欢的事情，还能够得到收获与进步，我觉得这是一个人在成长中的最理想状态了。不得不说，这个爱好治愈了我。在我为其他人带来知识和解答困惑的同时，也让我建立起自信，找到了新的人生意义，甚至也帮助我提升了专业素养和职场认知，与工作形成了良好的正向循环。

正所谓"因其无私，而成其私"。兴趣爱好其实是一把帮助你开启人生新阶段的钥匙，如果你能够通过你的兴趣，帮助和服务到更多的人、群体和社会，为他人创造价值并带来幸福，你也会很快进入到一个新的人生阶段，找到更多的人生意义和价值。

当然也有不少同学和我说："我也不清楚我的兴趣爱好到底是什么，该怎么办？"我觉得你可以从以下几点入手。

1.想想你少年时的爱好

少年时期的你已经形成了一些基本的人生观和判断标准，那个时候你的爱好与梦想，是没有物质欲望、相对纯粹和直接的，也许也就是最值得你再次去探索和追寻的。

2.多去尝试，接纳新事物

对于新鲜事物不排斥、不抗拒，尝试拥抱和接纳。不要急着否定它们或否定自己，也许它们会激发出你的新爱好和新潜能。

3. 保持健康的身心状态

如果实在找不出自己的爱好，当然也不要使劲去想。你需要做的就是保持一个健康的身体和心理的状态，去做那些你喜欢做的、能帮助你保持健康的事情。

它们有时不一定会让你有收获和成长，也许仅仅是满足你的好奇心、让你放松心情，或者开怀大笑，可这些事情，也依旧值得我们去做。因为健康的身心，在任何时候都是你最宝贵的资本。

095 如何养成好习惯并长期坚持？

你给自己设定得负担越小、意义越大，习惯就越容易坚持。

好习惯的养成对于一个人的成长来说至关重要。很多同学觉得养成一个好习惯并能日积月累地坚持下来是件十分困难的事情。

我在知识星球里开设了一个叫作"每天记录一个好设计"的栏目。这个栏目的初衷是帮助星球中的同学记录和分享生活中见到的各种好设计，养成积累案例的好习惯。我在每个工作日都会坚持打卡，雷打不动一年有余。对于习惯的养成，我有些方法可以分享给你。

1.找一个触发器

养成早起这个习惯的最简单方式就是每天定闹钟，一个闹钟不行就两个。闹钟就是养成早起习惯的触发器，作为一个提示工具，会让你形成条件反射。

如果你仔细观察我在知识星球中的打卡记录，会发现我几乎总是在工作日的晚上9点左右打卡。这是因为9点左右我正从公司下班回家。有时是在地铁上，有时是在出租车上，于是这段时间就被我规定用来回顾一天所遇到的好设计并打卡。可以说，晚上下班途中的交通工具，就是我养成打卡习惯的触发器。

2.有规律地休息

克服惰性实属不易，如果过程很辛苦，惰性就会战胜惯性。所以让好习惯持续的另一个方法就是有规律地给自己放假。

每隔几天就让自己休息一次，既可以为自己减轻一点负担，又不会影响到整个计划和习惯的养成。**你给自己的负担越小，习惯就越容易坚持。**

还是以我每天打卡为例，这件事情并不简单，所以我会跟自己讨价还价一下，给自己规定：

- 只在工作日打卡，周末和节假日休息。
- 如果工作日赶上自己休年假，看心情，可打可不打。

这样反而会感觉每天的工作日打卡更有价值了。周六、周日看到好的设计时也很兴奋，因为可以积累下来攒到下周再研究和打卡。

3.明确意义感

好习惯是有意义的，比如可以让你进步，拥有更多技能，变得更健康、更美、更快乐等，**你要学会放大和明确这些意义。**

比如"每天记录一个好设计"打卡的意义是这个活动既可以提升你对好设计的敏感度，也可以帮你养成随时随地思考和学习的能力。而知识星球中这么多同学每个人都有些不同的发现，优秀设计案例积累下来，可以在不经意间为你提供设计灵感和解法。

而我除了每个工作日打卡之外，也会定期把这些内容再进行整合和总结。我会研究和抽离出这些表层技法下的思维逻辑和设计方法，并将它们整理成文章，以帮助我和其他更多同学系统性地思考和应用这些设计理念，这也是我找到的意义感的放大方式。

4.从"微习惯"开始做起

万事开头难，迈出第一步很重要。所谓的"微习惯"，其实就是把你想养成的习惯做拆分和简化，变成一个更小的、不会失败的挑战，帮助你迈出第一步。

比如，你可以先尝试连续打卡3天。当第一个3天完成后，你可以给自己一点小奖励。当你已经连续完成几个3天的打卡之后，就可以尝试连续打卡一周，之后是一个月、两个月等，慢慢加大难度。当你的习惯目标定义得过于宏大时，将其拆分成一个个小目标，会更有助于目标的实现。

当我在知识星球中分享了我的这几个方法之后，有同学提醒我说，这些方法和"福格行为模型"很像，我看过该模型后发现的确如此。"福格行为模型"是斯坦福说服力科技实验室主任福格提出的理论，认为当动机（Motivation）、能力（Ability）和提示（Prompt）三者同时出现时，行为（Behavior）就会发生。

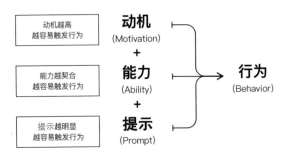

"福格行为模型"提到的行为触发机制

我在上文中自己总结出的内容与之不谋而合：

- 找一个触发器，就是给自己一种提示（Prompt）；
- 明确意义感，就是我们给自己提供动机（Motivation）；
- 有规律地休息，从"微习惯"开始，就是契合自己的能力（Ability）。

希望这些概念和方法，可以帮助你更好地养成好习惯。

096 如何提高做事情的效率？

分享给你五个提高效率的方法：明确目标，小步迭代，化整为零，多线并行，形成合力。

经常有人会问我，你在大厂工作一定很忙，怎么还会有时间做公众号和知识星球？为什么你的一天感觉有48个小时？除了我对于设计工作和知识输出的热爱和勤勉之外，保持高效率也是节省时间的一个很重要的原因。接下来我会分享给你五个可以帮助自己提高效率的方法。

1. 明确目标，少走弯路

通常我在开始一项工作前，是一定要搞清楚它的目标的。只有明确了目标，你才知道接下来要选择哪些有针对性的策略和方法，以及该怎样开展工作。

我们的时间都是有限的，明确目标，你就知道自己在"做正确的事"；而瞄着目标完成接下来的每一个步骤，都会尽可能地帮助你"正确地做事"，这样才能事半功倍，少走弯路，节省重复工作的时间。

2. 小步迭代，不憋大招

在工作的过程中小步迭代，有了阶段性的进展或思路就立即和上级对焦，确保方向没有变化，路线正确可行。

在时间紧迫的时候，有些同学觉得汇报或对焦就是在浪费时间，其实非也。及时对焦是保证工作准确无误的必经之路，也可以帮助你节约重复修改的时间。而且让你的老板有预期，和按时完成工作一样重要。我也在"044 为什么工作过程中不建议'憋大招'？"一问中和大家聊过"憋大招"可能会带来的问题，以及应该如何应对。

3. 碎片时间，化零为整

无处不在的网络和信息让我们的时间变得越来越碎片化，用碎片化时间来学习和工作是不可避免的，要学会适应它。拥有整块的、可以用来专注做事的时间，对我来说是一件很奢侈的事情。这也就要求我学会化零为整，很多碎片化的时间加在一起，就是很大量的时间。

我通常会将工作分成两类：可以用手机来完成的和必须用电脑来完成的。这样乘地铁上下班的途中就能够用手机来完成一些工作，比如用来思考和复盘今天工作中的问题和经验；回复知识星球中同学们的一部分问题；收集好的交互设计案例；准备下周公众号推文的话题和草稿；等等。

你现在正在看的这本书，大部分文字也是这样被整理出来的。

4. 多线并行，时常切换

这条建议与你的性格和工作习惯相关，不一定适用于所有人。我个人的工作习惯以及工作内容对我的要求是"多项工作并行"。我现在的工作内容和强度也并不允许我只专注做好一件事情。而我也发现，经常切换工作线程，是帮助我更好地获得专注力的方法。

比如，当我在做一件非常复杂的工作，实在没有思路或做不下去的时候，就切换到另一件简单轻松的工作上去，换换脑子和心情。当我把这件简单的工作做完或者完成一部分之后，就会产生一定的成就感，增强了信心，同时又可以帮助我从固有的思维模式中解脱出来，回过头来重新审视复杂的问题。对我来说，这是一个很好的工作方法，可以让我的头脑长时间处于比较兴奋和活跃的状态。

当然使用这种方法，你需要先对自己的工作做好规划和安排，厘清优先级。简单或者不紧急的工作仅仅是复杂工作的调和剂，并不是用来逃避或延误复杂工作的借口。

5.形成合力，相互促进

有些事情单独看上去很是复杂或难以完成，但如果你能够在几件事情中找到相互的关联、补充和促进因素，将它们整合统一并形成合力，你在这些事情上的努力就会获得指数级的回报。

比如有些同学觉得我的一天有48个小时，为什么工作、公众号和知识星球可以"三不误"？其实你看到的这三件事，在我看来是一件事，即"将专业和工作经验总结沉淀，并以此帮助他人和自己更好的进步"。我这么说的原因有以下三点。

第一，我的公众号文章内容就是我在每周工作中的经验沉淀和思考总结。我只是将内容脱敏后选择了一种更为公开的方式进行呈现。这种呈现方式也要求我对知识的掌握必须更加牢固，表述必须具备结构化，思考必须具备体系化。反之也会促进我更加如饥似渴地汲取知识养分。

第二，在我的优先级排序中，工作最大。我不允许自己因为知识积累和输出而影响到工作的交付。因为只有保质保量甚至超出预期地完成我的本职工作，我才会收获更多新鲜的思考和输入，才会为信任我的同学们提供正确而有效的经验。

第三，我在知识星球中看到同学们五花八门的问题，可以帮助我预先思考在工作中遇到类似问题的解决方案；也是督促我对于工作中没来得及沉淀的经验进行结构化地梳理；更是在帮助我提升换位思考、理性分析和经验传授的能力。这些经验都在潜移默化影响着我的个人心智和综合能力，帮助我更好地成长。

可以说工作、公众号和知识星球，三者互补输入，互为输出，形成了统一的合力，让我的付出有了更多的收获。它们是我不断成长和学习的动力，已经牢牢地嵌套在一起，缺一不可。这种输出的确占用了我大量的甚至几乎全部的闲暇时间，但是也给了我充足的正向反馈，让我的时间变得更有价值。

这几条建议，不仅可以用在工作中，也可以用在生活中的其他事情上，希望也可以对你有帮助。每个人的学习和工作方法都是不一样的，也希望你可以找到适合自己的提效方法。

097 为什么我们要按照规则行事？

仅仅按照自己的认知和逻辑来行事的人是任性而固执的，能够按照既定的规则行事的人才是成熟而随和的。按照规则行事，是对自己和他人的尊重。

在我的微信里每天都收到很多同学和星友的留言，向我提问或是针对各种问题寻求帮忙。但很多时候大家是收不到我的回复的，有时即使收到，也可能仅是比较简短的几个字

"请在我的知识星球里提问吧"，外加我的知识星球链接或二维码。

其实刚一开始做知识分享的时候，我也是一个问题一个问题回复大家的微信。我的初心是用我所掌握的知识和积累的经验帮助更多的同学。但后来我发现，自己的工作和生活节奏，很快就被这样一来一回的对话打乱和淹没了。我没有办法继续专心做自己的事情，脑海中总是会浮现出各种同学的问题：要怎样回答A才能缓解他的焦虑？B是不是等得太久没有看到答复了？C会不会误解我的意思了？

我也是个普通人，我的一天和你一样，都只有十几小时的时间可以用来工作。我并没有精力和义务去对微信中的每一位同学无条件地贡献我的知识和经验。而且这样散点式的沟通方式也并不能让你的问题得到充分的解答。

对于我擅长的以逻辑和体系来输出知识的方式，微信这种以短、频、快著称的社交软件反而成了不那么友好的工具。这样的沟通方式也让我变得焦虑，迫切地需要建立一套健康且良性的沟通规则。好的问题可以举一反三，好的回答可以授人以渔，但这需要有工具和规则的约束。

后来我开始做知识星球的付费问答，也不再在微信中回复他人的提问。这并非是对提问者的不尊重。对于我来说，要想帮助别人，先要让自己的知识变得充盈，让自己的时间变得有序。而对于你来说，你的每一个问题都值得被认真对待，都值得被有逻辑性地解答。

当然，也会有星友问我："那我先加入星球，再在微信里问你问题不也是一样的吗？"这当然是不一样的。

其一，星球于你是获取答案、学习方法的知识库，于我则是问题排期表。大家的每一个问题虽然难易不同，类型不同，但对我来说都是同样重要。因此解答问题的顺序是严格按照先来后到的排序进行的。我也不会任性地随意挑选问题或忽略问题，而是尽可能地做到有问必答，一视同仁。为了解决有些同学急求回答的情况，我也设定了"问题加急"的规则，特殊情况可以允许特殊对待。

其二，星球中的每一个问题，我都会反复地阅读，去理解你当时的处境，设身处地地找到解决方案，并尽量用大家更容易接受、更有结构性的方法进行呈现。这和微信聊天的散点式交流也是完全不同的。这种方法不仅是在解决你的问题，也是在帮你掌握应对问题的思考方式。

其三，我虽然会回答每一个问题，但并不会将所有问题都公开呈现。我会尽可能地筛选出有价值、有共性的问题做公开分享，也会让大家的每一次阅读更有成效。

按照规则来处理大家的问题，的确优化了我的工作方式，让更多有需求的同学得到了想要的提升，也让更多好的问题和回答被发现和看到。

我们的生活和工作也是由很多规则和标准构成。你走在马路上，交通红绿灯就是规则；你到机场赶飞机，排队安检就是规则；你坐在图书馆中，安静地读书和借阅就是规则。按照规则行事，是一个人心智成熟的体现，也是对自己和他人的尊重。

《论语》中有一段孔子和他学生的对话，说的也是这个道理。学生问孔子："以德报怨，何如？"这个学生问孔子："别人欺负我，我却用恩德来回报他，我这样做对吗？"孔子说："何以报德？以直报怨，以德报德。"意思是："那当别人对你好时，你该怎么回报他呢？要用公正的态度对待欺负你的人，用恩德来对待给你恩德的人。"

"以直报怨，以德报德"看上去虽不如"以德抱怨"显得宅心仁厚，但却是现实世界中必要的处事规则。仅仅按照自己的认知和逻辑来行事的人是任性而固执的，能够按照既定的规则行事的人才是成熟而随和的。

愿你也能感受到规则的力量。

098 面对不公平，我们该怎样做？

你认为公平的事情，对于他人来说可能就是莫大的不公平。不完美的胜利，才是人间常态。

2022年北京冬奥会，在男子1000米短道速滑项目决赛中，中国选手任子威夺冠，李文龙获银牌。这其实是一场状况百出、险象环生的比赛。

（1）决赛选手共5人。中国运动员：任子威、李文龙、武大靖。匈牙利运动员：刘少林、刘少昂。

（2）比赛开始后，滑了近5圈，中国选手武大靖处于领先位置，但裁判因"场地上有刀片类异物"吹哨中断比赛，宣布稍后重赛。

（3）几分钟后重赛。匈牙利运动员刘少昂排在最后，也因为体能原因最先降低了速度，接着在此轮比赛中排在第四名的武大靖也因为体能有限慢慢降低了速度。

（4）最后冲刺阶段，匈牙利选手刘少林和中国选手任子威两人为争抢金牌，过程中出现了明显的肢体接触。

（5）匈牙利选手刘少林先冲过终点线。然而看上去是冠军的他，却在几分钟后被裁判评判为"比赛中犯规两次"，取消了成绩。

（6）最终中国选手任子威获得金牌，李文龙获得银牌，匈牙利选手刘少昂获得铜牌。

看完这么一场焦灼的比赛之后，我感慨良多，也想和你分享一下。

1. 即使是奥运比赛，也不会有绝对公平

我们可以想象，假如赛场上没有那枚小小的刀片，假如没有重赛，金、银、铜牌或许都会易主。

第一轮比赛中的武大靖是 500 米短道速滑的冠军，他的爆发力要好于耐力。而对于他来说，短时间内进行两轮比赛，尤其是第一轮还拼尽全力冲到首位，体能消耗是很大的。但这就是比赛，这就是生活，没有"假如"，也没有绝对的公平。

很多时候，**你认为公平的事情，于他人来说可能就是莫大的不公平；你认为不公平的事情，于他人可能就是合情合理、公平公正。**

2. 完美无瑕的胜利是极少数的

从赛后慢动作回放中，我们可以看到匈牙利选手刘少林和中国选手任子威两人在最后争抢金牌时，出于本能和渴望，肢体动作都很丰富。但"任子威夺冠"都是既定的事实，再多的争论都无法改变这一事实。我们要**尊重规则，尊重事实。**

抛开这场比赛不谈，我们经常会看到一些喜欢找规则漏洞的人，钻了空子赢得了胜利。我们会对这些人嗤之以鼻，会评论他们赢得并不光彩，甚至不讲"武德"，但大部分情况下，再多的不满和指责也无法改变事实。

我们都喜欢看完美无瑕的胜利，但这样的胜利少之又少，很多时候，我们不应该以"我希望是……"或"我觉得应该是……"的主观意愿为导向，而是要多思考和分析"规则是什么？"以及"事实是什么？"

我们应该训练自己的心态产生如下的转变：

（1）当我们发现有人赢得不光彩，或者有人输得很可惜时，坦然地接受事实，告诉自己：**不完美的胜利才是人间常态。**

（2）当我们发现有人正大光明、漂漂亮亮地获得了成功，应该发自内心地、真诚地祝贺他，因为这样的胜利太难得。

（3）当我们在规则中尽到自己最大的努力后，就不要再焦虑和担忧。**尽人事，听天命**，结果是赢是输，看淡一点。

3. 在任何时候，都不应该放弃

中国选手李文龙获得银牌，匈牙利选手刘少昂获得铜牌。这个结果，既在这两名选手的意料之外，又在情理之中。

小将李文龙没有去争夺金牌的实力，但依旧拼尽全力滑完了全程。刘少昂在前半段比赛中处于末位，但也没有半途弃赛，坚持迈过了终点线。正是因为他们的不放弃，最终才有所收获。而有夺冠实力的武大靖，我们没有看到他滑过终点线的身影。这场比赛对于他来说是多大的遗憾和不甘，我们无从知晓。

从现在开始，踏实坚定地走好每一步吧，当你回首时，自会无愧于心。

099 如何给自己寻找"导师"？

"导师"不一定非得是高高在上的"大人物"，也不一定只是某一个人。经历相仿的前辈和有专项特长的同事，都可以成为你在某一个领域的"导师"。

有位同学和我聊起过关于"寻找职场导师"的话题。他听别人分享过一个观点："你工作中的领导一定是你最好的导师，因为你们是一个利益共同体，彼此关系紧密。"但他发现自己不是很认可公司领导的指导和意见，所以希望可以在其他渠道上找到一些导师来辅助自己专业的成长。

我很认可给自己找导师这件事情，在任何成长的阶段，我们都需要有自己的导师或者引路人，在我们遇到困难、迷茫无措或是骄傲自满时，可以适当地引导我们回归正途。

不过，即使"导师"会在我们的人生旅途上起到这么重要的作用，他也不一定非得是高高在上的"大人物"，不一定就只是某一个人。

关于谁适合做导师以及如何找到导师，我有以下几个建议。

1. 找经历相仿的前辈

除了你工作中的领导，"前辈"也包括你在校园中的学长学姐、公司中先你入职几年的师兄师姐。这些人中最适合被你当作"导师"的是同你经历相仿的人，这样的人在听你叙述困难时会更容易产生同理心，给出的建议会更中肯，而且他也曾有过与你相似的经历，这一路走来，已经替你踩过一些你可能会遇到的坑。所以**跟你经历相仿的、有过交情的前辈的建议，很有可能会比与你地位相差较远、不同背景的领导的建议更为中肯**。

我经历过一次公司内部的职位调动，不仅换了岗位也换了城市。当时有两个岗位都向我抛出了橄榄枝，让我犹豫不定。最终做出的决定，很大程度上得益于我的一个学姐的建议。我们是老乡，教育背景和工作经历几乎相同，她比我年长 3 岁，给了我很多中肯的建议，而她个人的经历和目前要面临的挑战也都为我提供了很多借鉴。

2. 寻找"专长导师"

真正全方位优秀的人本就是稀缺的，而这种优秀的人能被你遇到，还恰好愿意帮你，这种概率小之又小。

因此你的"导师"也不一定是所有方面都会超越你，**他只需要单方面很优秀，可以对你这个方面的发展起到指导意义，你就可以把他当作你的"专长导师"**。这样你会发现，其实你的"专长导师"很好找。

我曾经的一位同事是"95后"，虽然年纪轻轻，却已在 C2D（Coding to Design，用代码编写出设计）这个领域有了很深的见地和实操经验。我不会和他聊如何晋升或者如何承接业务需求，但我可以从他那里获得对于设计工程化的认知和理解。至今，他更新的有关C2D的文章我也会经常研读和学习，收获颇丰。

一位全能型导师难找，但是一位"专长导师"在你身边却随处可见。多关注他人的长处，取其精华，慢慢地你就会把自己历练得更加全面。

3. 人情往来，互利互惠

你会发现其实我所说的"导师"，并不只是高高在上的领导者，也包括那些生活中能给你提供帮助的前辈和朋友。

很多时候贵人就在你身边。你在有意或无意中帮助了他人，有可能也是在为自己换来人脉与通途。

所以除了一门心思地找"导师"提升自己，你也可以试着去做别人的"导师"，并非是对他人的不足指指点点，而是利用自己擅长的某个方面去帮助他人。

古语云："师父领进门，修行在个人。"当你幸运地遇到了"导师"，受之点拨与帮助之后，**你自己也要有与之相当的悟性和感恩之心。作为成年人，没有人有义务为你的成长和进步负责，除了你自己。**

愿你能够找到自己的导师，始终敏而好学，求知若渴，虚怀若谷。

100 智能时代到来，设计师该如何面对？

人类和AI有着各自无法超越的优势。在快速变化的智能时代，更重要的是认清自己的优势所在，修炼自己，厚积薄发。

很多同学都跟我聊过AI相关的话题。近年来大火的ChatGPT以及AI生成图片工具，不仅为我们带来了惊喜，也让我们感受到不少担忧。AI被广泛应用后，真的会取代很多岗位吗？作为设计师，我们又该如何应对呢？

一、AI如何辅助设计工作

以ChatGPT为例，它是由人工智能研究实验室OpenAI在2022年末发布的全新聊天机器人模型。作为体验设计师，你可以用它来做以下几个方面的工作。

1. 用于解释设计的专业知识

如果你对某个设计概念并不了解，或者你需要向客户解释设计专业术语，就可以通过ChatGPT用最简单的语言来解答复杂的设计专业概念。比如：

- 有哪些经典的设计和研究方法？
- 什么是用户体验地图？
- 什么是情感化设计？

2. 用于提供通用的设计思路

你可以获得基础的、通用的**设计工作思路和方法**，询问ChatGPT时可以添加与你工作相关的更多背景，背景描述越详细，效果越佳。比如：

- 如何为我的用户（输入用户特征）编写一份调查问卷？
- 如何为客户（输入用户需求）设计某种风格的产品图标？
- 如何完成设计师与开发的设计工作交接？

3. 用于搜索设计资源和数据

你可以通过ChatGPT查找设计资源、信息渠道和公开数据。比如：

- 有哪些好用的设计系统或 UI 组件？
- 某产品的主要功能和特点是什么？
- 某国家用户使用手机银行的行为数据是怎样的？

4. 用于完成基础的设计分析

你可以通过ChatGPT对数据和调研内容做基础的分析总结，比如：

- 总结这些访谈（输入用户访谈内容）的常见问题。
- 分析这些数据（输入用户数据）之间的相似关系。
- 将含有相关概念的信息进行归类分组。

二、我们应该如何看待AI

AI可以为设计师做的事情远不止上述这些内容。但我个人认为，虽说ChatGPT超过了很多智能聊天软件，其本质也还是一款聊天机器人；AI 插画和建模工具即使再好用，其本质也还是一款图像合成软件。我有以下两个观点。

1. "有知识" 不等于 "有智慧"

到目前为止，人工智能和人类大脑的本质区别并不在于表象的内容生成，而在于对生成内容的**深层次认知、理解和感受**，就像是躯体和灵魂的区别。

以ChatGPT为例，它有着强大的搜索功能和算法支持，使其看上去"知道很多"，并具备一定的"创作"能力。但其实它并不"理解"自己所说的话、所写的文字背后的含义，也不会因此产生喜怒哀乐等情绪。

举个例子，如果你对ChatGPT给出的答案不满意，单击"重答"，它就会给出新的答案。这种答案的生成是依靠收集互联网上的海量信息，并依据算法做概率统计——它是在根据大数据"赌"你想要的回答。每一次"重答"都会有新的答案，都是一次概率的赌注和数据的积累。

其他AI图片生成工具也和ChatGPT的"创作"能力类似，生产内容依赖于"搜索+拼接"，是将互联网上的海量图片信息内容打散后重构，因而其内容的可用性也仍有很大的进步空间。

2. 人类和AI在"互相利用"

我们一直在期待AI可以为自己做更多的事情，现在ChatGPT可以纠正代码、编写报告，的确可以帮助我们解决基础问题，减少很多不必要的、重复性的"无脑劳动"。

而在这个过程中，AI也在"利用"人类为自己做事情。用户给出的每一条需求和使用反馈，都是在训练它生成可用性更高的内容。而且ChatGPT的学习速度比人类的学习速度要高出好几个数量级，内容正确率的提升指日可待。

这种"相互利用"也和"鸡生蛋还是蛋生鸡"一样，是个颇具哲学性的问题。两者相互依存：没有人类的输出，AI就没有输入，也就不会有输出；没有AI的输出，人类自己的输出和输入又会困难和复杂得多。

目前来看，我们赋予了AI超乎常人的计算能力，AI则给予了我们快捷便利的生活方式。人类和AI有着各自无法超越和替代的优势，现在是一种相对和谐的共生关系。

三、我们要如何应对变革

ChatGPT和AI图片生成工具之所以火爆，是因为它们提供的服务让我们看到了技术的突破。虽说这种技术突破目前并不具备直接取代设计师的能力，但是随着技术与各行业深度融合之后，就会产生时代变革，到时也必然会产生岗位更迭。

就和人类从农业时代进入工业时代一样，大批的人会失业，但同时也有大量新的、符合时代需求的工作岗位被创造出来。AI带来的时代变革有利有弊，但终究还是利大于弊，因为人类文明需要进步，时代发展也需要进步。

作为以创造力为驱动的设计师，ChatGPT提供的只是基础帮助，仍有很多工作它无法完成，并需要我们对结果进行检验和优化。我们依旧需要不断发挥人类特有的主观能动性来创造产品，并且要时刻关注技术和行业的发展与变革，将它们作为我们自身能力的延伸。

比起担心失业、焦虑被替代，更重要的是认清我们自己的优势所在，并不断地修炼自己，厚积薄发。唯有如此，当时代的变革到来时，你才能以不变应万变，游刃有余，来去自如。

后记

感谢我的家人们对于我工作的全力支持。

感谢星球嘉宾荞麦君的鼎力相助和无私分享。

更要感谢"长弓小子设计思享"星球中每位星友对我的无限信任与包容。

在星球中，我们教学相长。回答你们的每一个问题时，我都尝试着设身处地思考，不仅仅是思考如何站在你们的立场来做解答，也是在思考如何才能将自己的观点更加准确、清晰、易懂地传达出来。这对我来说既是挑战，也是收获。

严格来说，这本书其实并非我一人完成，星球中的每位星友都对本书内容贡献出了不可或缺的力量。你们的每一个问题、留言和反馈，都是我持续输出的动力。

感恩过去，和你们一同走过的每一天，都无比充实；感恩未来，我们将继续并肩同行，风雨同舟。

希望我们可以一起认真地过好每一天，保持健康，精进自己，让生命慢慢变得更加厚重。

元尧